全国高等学校计算机教育研究会"十四五"规划教材

全国高等学校
计算机教育研究会
"十四五"
系列教材

丛书主编 郑 莉

数据智能

Python数据分析与可视化

王 肃 / 主编 刘 艳 / 副主编

清华大学出版社
北 京

内容简介

本书以数据智能和编程思维为核心，围绕数据的全生命周期管理概念，详细介绍了基于 Python 的数据分析与可视化方法，涵盖基本概念、数据处理、数据获取、数据计算、数据分析、数据可视化及综合应用。

本书分为理论和实验两部分，内容由浅入深，语言通俗易懂，案例贴近学生生活和学习真实场景，既体现了数据科学的技术热点，又兼顾了案例的生动性和趣味性，适合全国高等学校各专业作为“新文科”建设背景下的人工智能和数据科学通识课教材使用，也可作为大数据、智能数据处理相关专业的专业教材或参考教材。

图书在版编目(CIP)数据

数据智能：Python 数据分析与可视化/王肃主编. —北京：清华大学出版社，2023.8（2024.8重印）
全国高等学校计算机教育研究会“十四五”系列教材
ISBN 978-7-302-64174-2

Ⅰ. ①数… Ⅱ. ①王… Ⅲ. ①软件工具－程序设计－高等学校－教材 Ⅳ. ①TP311.561

中国国家版本馆 CIP 数据核字(2023)第 132645 号

责任编辑：谢　琛　薛　阳
封面设计：傅瑞学
责任校对：申晓焕
责任印制：丛怀宇

出版发行：清华大学出版社
网　　址：https://www.tup.com.cn，https://www.wqxuetang.com
地　　址：北京清华大学学研大厦 A 座　　邮　　编：100084
社 总 机：010-83470000　　邮　　购：010-62786544
投稿与读者服务：010-62776969，c-service@tup.tsinghua.edu.cn
质量反馈：010-62772015，zhiliang@tup.tsinghua.edu.cn
课件下载：https://www.tup.com.cn，010-83470236
印 装 者：三河市铭诚印务有限公司
经　　销：全国新华书店
开　　本：185mm×260mm　　**印　　张**：13　　**字　　数**：315 千字
版　　次：2023 年 8 月第 1 版　　**印　　次**：2024 年 8 月第 2 次印刷
定　　价：48.00 元

产品编号：099384-01

PREFACE

丛书序

教材在教学中具有非常重要的作用。一本优秀的教材，应该承载课程的知识体系、教学内容、教学思想和教学设计，应该是课程教学的基本参考，是学生学习知识、理论和思想方法的主要依据。在教育数字化的大背景下，教材更是教学内容组织、教学资源建设、教学模式设计与考核环节设计的依据和主线。

教师讲好一门课，尤其是基础课，必须要有好教材；学生学习也需要好教材。

好教材要让教师觉得好教。好教可不是"水"，不是少讲点、讲浅一点。一门课的教材要使教师的教学能够达到这门课在专业人才培养计划中的任务，内容应该达到要求的深度和广度，应具有一定的挑战性。教材的知识体系结构科学，讲述逻辑清晰合理，案例丰富恰当，语言精炼、深入浅出，配套资源符合教学要求，就可以给教师的教学提供很好的助力，教师就会觉得这本书好教。

好教材要让学生觉得好学，学生需要什么样的教材呢？在各个学校普遍采用混合式教学模式的大环境下，学生参与各个教学活动时，需要自己脑子里有一条主线，知道每个教学活动对建立整门课知识体系的作用；知道学习的相关内容在知识体系中的位置，这些都要通过教材来实现。学生复习时还需要以教材为主线，贯穿自己在各个教学活动中学到的内容，认真阅读教材，达到对知识的融会贯通。能实现学生的这些需求，学生就会觉得这本书好学。

教材要好教、好学，做到内容详尽、博大精深，语言深入浅出、容易阅读，才能满足师生的需要。

为了加强课程建设、教材建设，培育一批高质量的教材，提高教学质量，全国高等学校计算机教育研究会(以下简称"研究会")于 2021 年 6 月与清华大学出版社联合启动了"十四五"规划教材建设项目。这套丛书就是"十四五"规划教材建设项目的成果，丛书的特点如下。

(1) 准确把握社会主义核心价值观，融入课程思政元素，教育学生爱党、爱国。

(2) 由课程的主讲老师负责组织编写。

(3) 体现学校办学定位和专业特色，注重知识传授与能力培养相统一。

(4) 注重教材内容的前沿性与时代性，体现教学方法的先进性，承载了可供同类课程借鉴共享的经验、成果和模式。

这套教材从选题立项到编写过程，都是由研究会组织专家组层层把关。研究会委托清研教材工作室(研究会与清华大学出版社联合教材工作室)对“十四五”规划教材进行管理，立项时严格遴选，编写过程中通过交流研讨、专家咨询等形式进行过程管理与质量控制，出版前再次召开专家审查会严格审查。

计算机专业人才的培养不仅仅关系计算机领域的科技发展，而且关系所有领域的科技发展，因为计算机技术已经与各个学科深度融合，计算机技术是所有领域都必不可少的技术。本套教材承载着研究会对计算机教育的责任与使命，承载着作者们在计算机教育领域的经验、智慧、教学思想、教学设计。希望这套教材能够成为高等学校师生们计算机课程教学的有力支撑，成为自学计算机课程的读者们的良师益友。

丛书主编：郑莉

2023年2月

PREFACE 序

当今世界正经历着一轮新的科技革新和产业变革，技术的革新让人们生活更便利的同时，也对我们每个人提出了要求，即具备更强的计算素养和数字素养。无论是理科、工科还是人文社科的研究和实践，新的数据分析和挖掘的工具都会成为得力的助手，数据智能的时代下传统的研究范式已不能完全胜任，尤其是对人文社科领域更是如此，信息技术与人文社会科学的融合成为新文科发展的必然趋势，具备数据思维与编程思维的人文社科人才也成为新时代人才培养的必然需求。

参加该教材编写的团队与我有过多年的合作，让我钦佩的是他们能这么多年始终深耕在大学计算机基础教育这个非热门领域，并针对新技术出现带来的人才培养需求的变化，在计算机教学与教材改革方面不断探索。此次在新文科重磅启动与义务教育信息科技新课标发布的双重推动下，以“全面提升文科学生的计算机素养与数字化能力”为目标，作者编写了《数据智能——数据处理与管理实践》和《数据智能——Python 数据分析与可视化》这两册教材，深入浅出地讲解了如何运用基本的数据分析与可视化工具及方法，引导学生应用数据科学方法和编程思维进行交叉学科科研探索，帮助学生学会采用数字化工具和编程语言来分析和解决问题，进而提升科研创新的能力。

该书面向的读者是人文社科的学生，长久以来，文科和理科学习的内容差异还是非常大的，计算思维和编程思维在文科学生的培养和实践中少见被关注，然而时代发展带来的变化是巨大的，在阅读该书前，还是有必要了解技术发展对新文科的研究范式到底产生什么样的影响以及数据思维对新文科开展科学研究的价值。

研究范式是进行科学研究时所遵循的模式与框架，几千年前，人们主要通过记录来描述自然现象，那时候是实验科学，也即第一范式；几百年前，人们学会了使用模型或归纳法进行科学研究，那时候是理论科学，也即第二范式；几十年前，人们学会了用计算机模拟复杂的现象，那时候是计算科学，也即第三范式；进入 21 世纪以来，信息技术推动我们步入大数据时代，数据正在成为我们最重要的资源和资产。图灵奖得主、关系数据库的鼻祖吉姆·格雷（Jim Gray）在 2007 年提出了科学研究的第四范式——数据密集型科学发现。信息技术的发展不仅为人文社科业界学界提供了全样本数据，而且需要对全样本数据进行分析和处理，第四范式带来的科研方式变革和人类思维方式的转变,即通过海量数据来了解我们所在的世界、解惑新出现的问题,以及长久以来困扰我们的老问题,这为人文社科的研究提供了全新的工具,推动了新文科的蓬勃发展。

采用数据范式开展新文科的科学研究者,必须具备数据思维。数据思维一直是人类的思维方式之一,伴随着人类的生产生活。早在古时候,人们就会创造一些理论和模型来"解释"通过数据发现的"结论",并在此基础上做进一步的预测和分析,如古时候的天象学、二十四节气等。数据思维强调的是数据对物理世界的反映,基于数据本身解决问题,是在科学研究中利用数据发现和解决问题的思维方式与必备技能。在科技与人文融合的视角下,运用数据思维能够帮助我们从全量数据分析中建立模型并求解人类社会问题,促进跨学科的交叉融合,有利于人文社会科学的创新发展、自我认知的提升和新文科建设。

该书面向的读者是人文社科的学生,特别是那些有意愿学会使用科学的定量方法来帮助更透彻看清本质,帮助思考的学生。在这个新的大数据时代下,我们拥有了更密集的海量数据,其中孕育了很多信息有待我们去观察和发现,对于文科学生而言,就需要能突破学科壁垒、采用新的研究范式与思维方式,将文科的定性方法与定量方法相统一。新时代的人文社科人才应具有古今贯通、中西融汇和文理结合的学术视野与知识结构,具有成熟的数据思维与编程思维,为人文关怀赋能科技智慧,而这也就是该书所面向的读者和希望达到的目的。

贺 樑

华东师范大学计算机科学技术学院副院长

国家科技创新 2030 新一代人工智能重大项目管理专家组成员

2023 年 5 月

FOREWORD

前言

随着互联网、云计算和大数据的蓬勃发展，信息技术得到了极大的普及与应用，在人文社科领域，定量研究越来越受到普遍重视。2014年，得克萨斯大学的艺术史学家 Maximilian Schich 在 *Science* 上发表了 *Quantitative social science. A network framework of cultural history*，他带领团队收集了两千多年以来历史上15万西方文化名人的迁徙信息，通过数据分析与计算研究文化史的网络框架；美国杂志撰稿作家 Ben Blatt 出版了 *Nabokov's Favorite Word Is Mauve* 一书，他用统计学的方法，梳理了19世纪末到21世纪初1500部经典著作，拆解出优秀作品的写作规律；近年来，我国多家科研机构建设了面向人文社科研究的数据平台，为人文社科研究范式的创新与转型提供数据支撑。

2020年11月，教育部发布《新文科建设宣言》，重磅启动"新文科"。在人文社科领域，应用数据思维和数据科学方法进行科研探索，已成为必然趋势。新文科建设与人才培养要求针对人文社科领域的科研应用需求，结合文科专业学生特点，融入现代信息技术赋能文科教育。因此，面向新文科学生的素养养成，应该建设以数据思维和编程思维为核心的教材体系，促进数据驱动的新文科研究范式发展，涵盖数据、大数据、数据管理、数据分析、数据可视化、数字化学习与创作等关键学科知识，培养学生应用编程思维和数字化工具解决问题，全面提升学生的计算机素养、数字化胜任力和进行交叉学科科研创新的关键能力。

本教材致力于深化新文科大学计算机教学改革，培养具有形象思维、数据思维和编程思维的新文科人才，能够在数字化时代更好地开展人文社科领域的数字化学习与创新训练。

本教材以及与之对应的课程目标如下。

- 了解数据思维和编程思维，理解算法的概念和程序设计的基本知识，理解智能数据处理的过程和方法。
- 能够针对实际问题进行抽象和建模，以 Python 语言为工具编写程序解决问题。
- 培养学生应用数据科学方法和编程思维进行交叉学科科研探索，形成较强的形象思维、逻辑思维、批判性思维和创造性思维。

本教材分为理论与实验两部分。理论部分涵盖基本概念、数据处理、数据获取、数据计算、数据分析、数据可视化及综合应用；实验部分针对各个章节的理论学习，开展数据处理、数据分析与可视化的实验。各章简要介绍如下。

第 1 章　数据智能概述　介绍数据智能概念及其技术的发展、编程思维及基本数据结构、数据隐私与数据安全，使读者了解数据科学基本概念。

第 2 章　基本数据处理　围绕算法的表达、基本数据类型、数据处理基础及批量数据处理的应用介绍算法和数据的基本概念，使读者掌握大数据处理的基本原理与方法。

第 3 章　数据处理编程　主要介绍程序的基本结构及其实现、模块化编程中必须掌握的方法和技巧，并通过解决实际问题，培养读者基本的编程思维。

第 4 章　数据获取与计算　对数据采集与文件读写、数据预处理的具体方法进行介绍，使读者了解数据预处理的作用，掌握基本的数据获取与预处理方法。

第 5 章　数据分析与可视化　围绕 Python 实现数据处理与可视化的全流程，介绍常用的数据结构、数据预处理方法、数据分析方法，并借助 Python 的 NumPy、Pandas、Matplotlib 等模块所提供的计算、分析、统计和绘图功能，来阐述实用的数据分析和数据可视化方法。

第 6 章　电信行业客户行为分析与流失预警　从电信行业客户流失入手，对客户行为数据进行处理，分析客户为什么会流失、什么样的客户容易流失，进而在产品业务推广过程中，提出防止客户流失的方案。实现了利用编程思维和 Python 编程语言，探究数据智能。

本教材编写团队全部来自华东师范大学数据科学与工程学院，他们多年来始终致力于大学计算机基础教育及相关研究，密切结合信息技术发展及人才培养的需求，着眼于将智能信息技术与教育研究实践进行深度融合，在大学计算机公共课、基础教育改革等方面做出了众多的探索与实践。

本教材的编写始于 2021 年年初，经过两年的创作与不断完善最终完成。在此，感谢清华大学出版社和全国高等学校计算机教育研究会的支持，感谢为大学计算机基础教学贡献力量的各位老师，特别感谢参与教材编写与审核的各位老师：胡文心、刘艳、王肃、俞琨、蔡建华。由于时间仓促，书中疏漏及不足之处在所难免，敬请读者海涵并不吝指正。

作者
2023 年 5 月

CONTENTS

目录

理　论　篇

实 验 篇

理　论　篇

第1章

数据智能概述

本章概要

大数据时代，数据无处不在，运用数据驱动的思想和策略在实践中逐渐成为共识，数据的价值已在科学研究和工商业的不同领域得到充分展现。

从数据中提取出知识和信息并加以有效利用，发挥数据最大的价值是数据智能的研究目的。数据智能通过分析数据获得价值，将原始数据加工为信息和知识，进而转化为决策或行动，已成为推动数字化转型不可或缺的关键技术。数据智能的重要性越来越凸显，并在近年来取得快速发展。

学习目标

通过本章的学习，要求达到以下目标：

(1) 了解数据智能概念。

(2) 了解机器学习的定义、范围及其与大数据的关系。

(3) 了解编程思维。

(4) 了解数据结构及其应用。

(5) 了解数据安全与数据隐私。

1.1 数据智能技术

我们正处于大数据和数字化转型的时代：数据无处不在，运用数据驱动的思想和策略在实践中逐渐成为共识，数据的价值已在科学研究和工商业的不同领域得到充分展现。然而，如果无法从数据中提取出知识和信息并加以有效利用，数据本身并不能驱动和引领数字化转型取得成功。如何让数据发挥它最大的价值？“数据智能”(Data Intelligence)应运而生。

数据智能是一个跨学科的研究领域，它结合大规模数据处理、数据挖掘、机器学习、人机交互、可视化等多种技术，从数据中提炼、发掘、获取有揭示性和可操作性的信息，从而为人们在基于数据制定决策或执行任务时提供有效的智能支持。

如果将数据视为一种新的“石油”，那么数据智能就是“炼油厂”。数据智能通过分析数据获得价值，将原始数据加工为信息和知识，进而转化为决策或行动，已成为推动数字化转型不可或缺的关键技术。数据智能的重要性越来越凸显，并在近年来取得快速发展。

1.1.1 数据科学过程的基本概念

工业界和学术界都对数据科学过程做了很多的研究工作，例如，微软提出了数据科学过程的生命周期。微软提出的数据科学过程(Data Science Process)分为商务问题理解(Business Understanding)、数据的获取与数据的理解(Data Acquisition and Understanding)、数据建模(Modeling)、产品部署(Deployment)四部分，如图1-1所示。

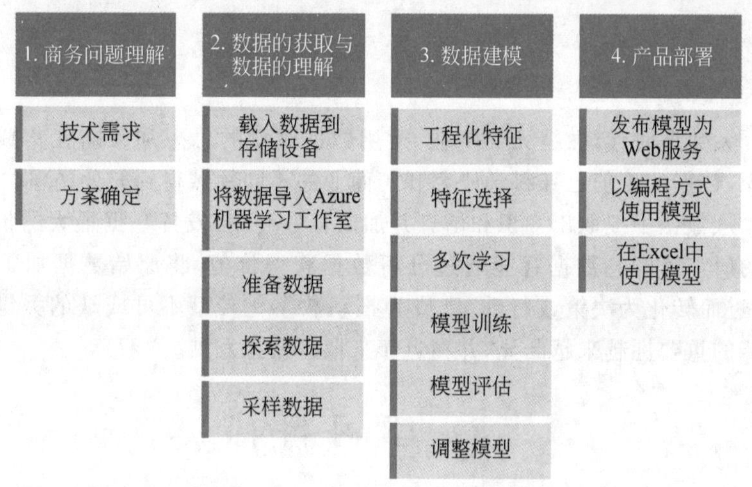

图1-1 数据科学过程

其他的一些学者也提出过诸如提出一个有趣的问题、获取数据、探索分析数据、建模数据、结果可视化等数据科学过程，这实际上和前文所说的数据科学过程是类似的，如图1-2所示。

基于上述内容，本书认为一个标准的数据科学过程可以分为设定研究目标、获取数据、数据准备、数据探索、数据建模、结果可视化六个步骤。

第一，设定研究目标。需要花费时间去理解目标和商业问题，同时还需要以项目的形式去开展，包括创建一个具体的项目来进一步厘清研究目标，最后还需要去设定一个时间节点。

第二，获取数据。尽量获取所需要解决问题的相关数据，问题涉及的数据可能是私有数据，也可能是开放数据。

第三，数据准备。当获得数据之后，需要进一步对数据进行处理，包括对数据进行清洗、集成、转换等。这是因为大数据往往是充满噪声的、复杂的、不确定的，因此需要非常多的一些数据预处理和数据整理的方法来帮助我们完成大数据的前期准备工作。

第四，数据探索。例如，对数据进行简单的可视化。可以使用一些柱状图、折线图、曲线图、散点图、象限图以及它们之间的一些结合去探索所拥有的数据。

第五，数据建模。在探索完数据之后，需要建立一个模型对数据进行深入的分析与挖掘。首先需要选择一个合适的模型并确定一些相关的变量，然后通过数据来训练这个模型。

第六，结果可视化。执行这个模型，查看它的结果并对它进行评估诊断，然后不断地对

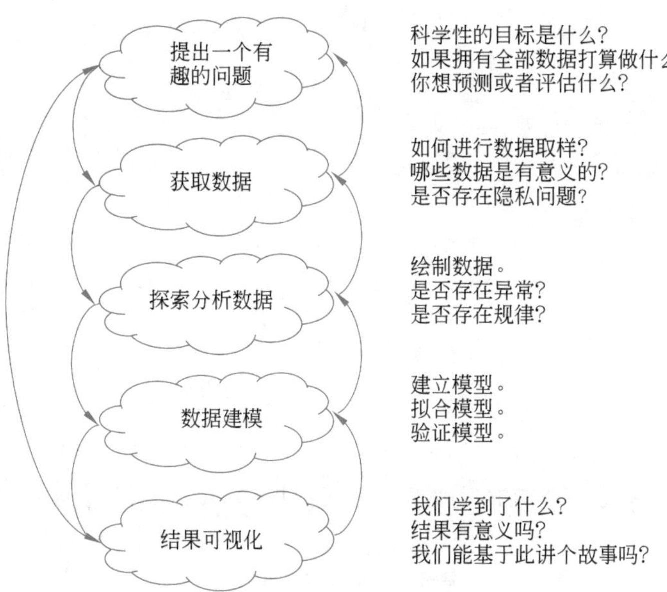

图 1-2　其他的数据科学过程

它进行迭代优化，如此反复以后才能得到一个真正可用的模型。最后一步，需要把所发现的结果展示给大家，并和大家进行讨论来发现并修改问题，直至模型能够进行推广。

总之，数据科学过程是将人、数据、工具和系统结合起来解决以数据为中心的问题的流程。

1.1.2　机器学习

机器学习是大数据时代最为火热的一项技术，从网上的每一次淘宝购买东西，到自动驾驶汽车技术，以及网络攻击抵御系统等，都有机器学习的因子在内，同时目前各种人工智能的应用，从聊天机器人，到计算机视觉技术的进步，都有机器学习努力的成分。

机器学习是研究计算机怎样模拟或实现人类的学习行为，以获取新的知识或技能，重新组织已有的知识结构使之不断改善自身的性能。它是人工智能的核心，是使计算机具有智能的根本途径，其应用遍及人工智能的各个领域。

1. 机器学习的定义

从广义上来说，机器学习是一种能够赋予机器学习的能力以此让它完成直接编程无法完成的功能的方法。从实践的意义上来说，机器学习是一种通过利用数据，训练出模型，然后使用模型预测的方法。

下面以房价问题为例来说明机器学习的定义。现在有一栋房子需要售卖，应该给它标上多大的价格？房子的面积是 100m^2，价格是 100 万元，120 万元，还是 140 万元？

我们现在希望获得一个合理的，并且能够最大程度地反映面积与房价关系的规律。于是调查周边与该房型类似的一些房子，获得一组数据。这组数据中包含大大小小房子的面积与价格，如果能从这组数据中找出面积与价格的规律，那么就可以得出房子的价格，如

图 1-3 所示。

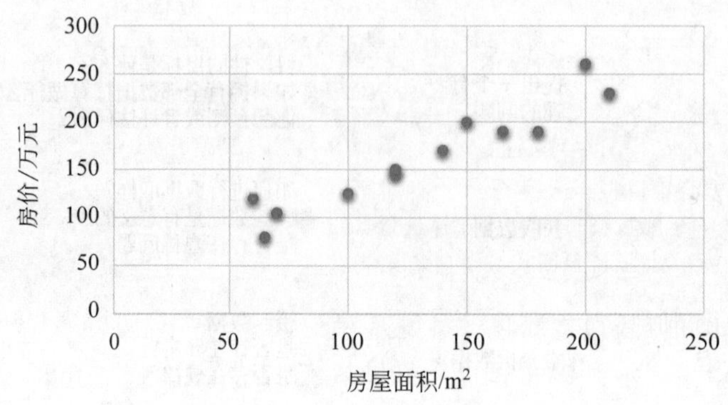

图 1-3 房屋面积与房价散点图

对规律的寻找很简单,拟合出一条直线,让它“穿过”所有的点,并且与各个点的距离尽可能小。

通过这条直线,获得一个能够反映房价与面积规律的最佳直线。用以下函数来表明这条直线:

$$房价=面积\times a+b$$

其中,a、b 都是直线的参数。获得这些参数以后,就可以计算出房子的价格。

假设 $a=0.75$,$b=50$,则房价$=100\times0.75+50=125$ 万元。这个结果与前面所列的 100 万元、120 万元、140 万元都不一样。由于这条直线综合考虑了大部分的情况,因此从“统计”意义上来说,这是一个最合理的预测。

在求解过程中透露出了两个信息:房价模型是根据拟合的函数类型决定的。如果是直线,那么拟合出的就是直线方程。如果是其他类型的线,如抛物线,那么拟合出的就是抛物线方程。机器学习有众多算法,一些强力算法可以拟合出复杂的非线性模型,用来反映一些不是直线所能表达的情况。

数据越多,模型就越能够考虑到越多的情况,对于新情况的预测效果可能就越好。这是机器学习界“数据为王”思想的一个体现。一般来说,数据越多,最后机器学习生成的模型预测的效果越好。

通过拟合直线的过程,可以对机器学习过程做一个完整的回顾。首先,我们需要在计算机中存储历史的数据。接着,将这些数据通过机器学习算法进行处理,这个过程在机器学习中叫作“训练”,处理的结果可以用来对新数据进行预测,这个结果一般称为“模型”。对新数据的预测过程在机器学习中叫作“预测”。“训练”与“预测”是机器学习的两个过程,“模型”则是过程的中间输出结果,“训练”产生“模型”,“模型”指导“预测”。

让我们把机器学习的过程与人类对历史经验归纳的过程做个比对,如图 1-4 所示。

人类在成长、生活过程中积累了很多的历史与经验。人类定期地对这些经验进行“归纳”,获得了生活的“规律”。当人类遇到未知的问题或者需要对未来进行“推测”的时候,可以使用这些“规律”,对未知问题与未来进行“推测”,从而指导生活和工作。

机器学习中的“训练”与“预测”过程可以对应到人类的“归纳”和“推测”过程。通过这样的对应,可以发现,机器学习的思想并不复杂,仅仅是对人类在生活中学习成长的一个模拟。由于机器学习不是基于编程形成的结果,其处理过程不是因果的逻辑,而是通过归纳思想得

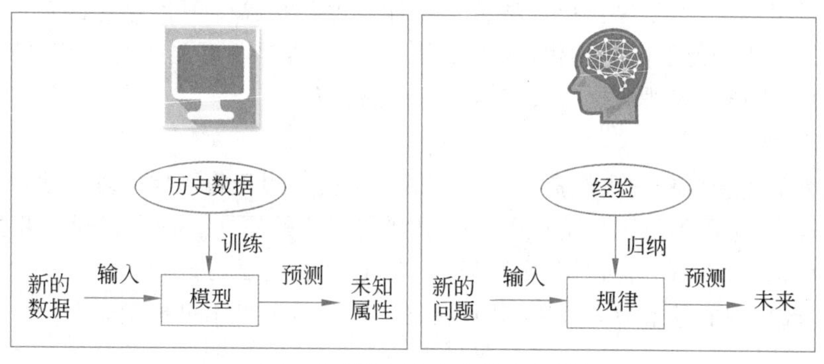

图 1-4　机器学习与人类思考的类比

出的相关性结论。

2. 机器学习的范围

机器学习与模式识别、统计学习、数据挖掘、计算机视觉、语音识别、自然语言处理等领域有着很深的联系。从范围上来说，机器学习跟模式识别、统计学习、数据挖掘类似，同时，机器学习与其他领域的处理技术的结合，形成了计算机视觉、语音识别、自然语言处理等交叉学科。因此，一般说数据挖掘时，可以等同于说机器学习。同时，人们平常所说的机器学习应用应该是通用的，不仅局限在结构化数据，还有图像、音频等应用。

了解机器学习相关领域有助于我们厘清机器学习的应用场景与研究范围，更好地理解算法与应用层次。图 1-5 是机器学习所涉及的相关学科与研究领域。

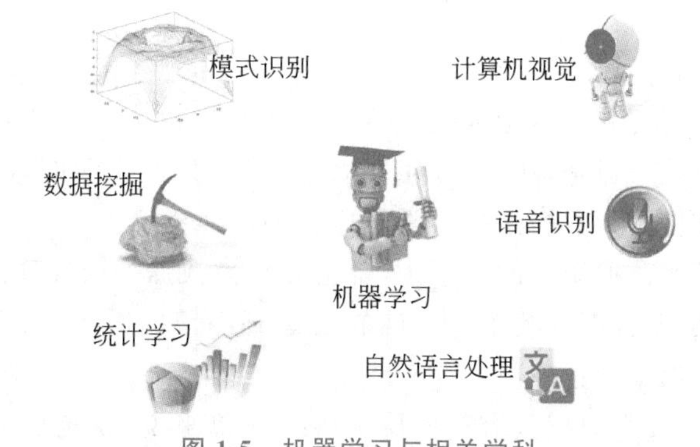

图 1-5　机器学习与相关学科

1）数据挖掘

数据挖掘＝机器学习＋数据库。数据挖掘是使用计算机算法，从大量的数据中获取潜在的信息的过程。近年来，数据挖掘引起了信息产业界的极大关注，人们迫切需要使用数据挖掘从数据中挖出重要信息，或将废弃的数据转换为价值等。数据挖掘是人工智能和数据库领域的研究热点，主要包括定义问题、建立数据挖掘库、分析数据、准备数据、建立模型、评价模型和实施几个步骤。很多机器学习算法都可以用于数据挖掘，例如，分类、聚类、预测、神经网络算法等。

2）统计学习

统计学习近似等于机器学习。统计学习是与机器学习高度重叠的学科，现阶段很多机器学习方法就是基于统计学的，可以说，统计学的发展促进机器学习的繁荣昌盛。例如，著名的支持向量机算法，就是源自统计学科。统计学习与机器学习也存在区别：统计学习重点关注的是统计模型的发展与优化，偏重数学理论；机器学习更关注的是解决问题，偏重实践，机器学习重点研究算法的执行效率与准确性的提升。

3）计算机视觉

计算机视觉＝图像处理＋机器学习。图像处理技术用于将图像处理为适合进入机器学习模型中的输入，机器学习则负责从图像中识别出相关的模式。计算机视觉相关的应用很多，例如，百度识图、手写字符识别、车牌识别等。随着机器学习的新领域——深度学习的发展，计算机图像识别的效果极大改善，计算机视觉的发展前景不可估量。

4）语音识别

语音识别＝语音处理＋机器学习。语音识别是音频处理技术与机器学习的结合，是使用算法对自然语言进行识别和理解，其核心过程是提取声学特征构建声学模型，因此语音识别技术通常与自然语言处理的相关技术相结合。目前的相关应用如语音对话机器人、语音助手、智能客服等。

5）自然语言处理

自然语言处理＝文本处理＋机器学习。自然语言处理是让机器理解人类语言的一门技术。在自然语言处理技术中，大量使用了编译原理相关的技术，例如，词法分析、语法分析等，除此之外，为了理解自然语言，还需要使用语义理解、机器学习等技术。如何利用机器学习技术进行自然语言的深度理解，一直是工业和学术界关注的焦点。

可以看出，机器学习在众多领域有所外延和应用，机器学习技术的发展促使了很多智能领域的进步。

3. 机器学习与大数据

2010 年之前，机器学习的应用在某些特定领域发挥了巨大的作用，如车牌识别、网络攻击防范、手写字符识别等。但是，从 2010 年以后，随着大数据概念的兴起，机器学习大量的应用都与大数据高度耦合，大数据是机器学习应用的极佳场景。

譬如，在很多关于大数据魔力的故事中，都会介绍大数据如何准确预测到了某些事。例如，经典的 Google 利用大数据预测了 H1N1 在美国某小镇的爆发。百度预测 2014 年世界杯，从淘汰赛到决赛全部预测正确。

究竟是什么原因导致大数据具有这些魔力呢？简单来说，就是机器学习技术。正是基于机器学习技术的应用，数据才能发挥神奇的作用。

大数据的核心是利用数据的价值，机器学习是利用数据价值的关键技术，对于大数据而言，机器学习是不可或缺的。相反，对于机器学习而言，越多的数据越可能提升模型的精确性，同时，复杂的机器学习算法的计算时间也迫切需要分布式计算与内存计算这样的关键技术。因此，机器学习的兴盛也离不开大数据的帮助。大数据与机器学习两者是互相促进、相依相存的关系。

机器学习与大数据的结合产生了巨大的价值。基于机器学习技术的发展，数据能够“预测”。对人类而言，积累的经验越丰富，阅历越广泛，对未来的判断越准确。例如，常说的“经验丰富”的人比“初出茅庐”的小伙子更有工作上的优势，就在于经验丰富的人获得的规律比他人更准确。而在机器学习领域，根据著名的一个实验，有效地证实了机器学习界的一个理论：机器学习模型的数据越多，机器学习的预测的效率就越好。

各种不同算法在输入的数据量达到一定数量级后，都有相近的高准确度。于是诞生了机器学习界的名言：成功的机器学习应用不是拥有最好的算法，而是拥有最多的数据！

在大数据的时代，有好多优势促使机器学习能够应用更广泛。例如，随着物联网和移动设备的发展，我们拥有的数据越来越多，种类也包括图片、文本、视频等非结构化数据，这使得机器学习模型可以获得越来越多的数据。同时，大数据技术中的分布式计算 Map-Reduce 使得机器学习的速度越来越快，可以更方便地使用。种种优势使得在大数据时代，机器学习的优势可以得到最佳的发挥。

1.1.3　深度学习

当人类第一次构思可编程计算机时，就已经在思考计算机能否变得智能，尽管这距离造出第一台计算机还有一百多年。今天，人工智能已经成为一个具有众多实际应用和活跃研究课题的领域，并且正在蓬勃发展。

近来，机器学习的发展产生了一个新的方向，即“深度学习”。

虽然“深度学习”这四个字听起来颇为高大上，但其理念却非常简单，就是传统的神经网络发展到了多隐藏层的情况。

20 世纪 90 年代以后，神经网络已经消寂了一段时间。但是 BP 算法的发明人 Geoffrey Hinton 一直没有放弃对神经网络的研究。由于神经网络在隐藏层扩大到两个以上，其训练速度就会非常慢，因此实用性一直低于支持向量机。2006 年，Geoffrey Hinton 在科学杂志 *Science* 上发表了一篇文章，如图 1-6 所示，论证了以下两个观点。

（1）多隐藏层的神经网络具有优异的特征学习能力，学习得到的特征对数据有更本质的刻画，从而有利于可视化或分类。

（2）深度神经网络在训练上的难度，可以通过“逐层初始化”来有效克服。

图 1-6　Geoffrey Hinton 与他的学生在 *Science* 上发表文章

通过这样的发现，不仅解决了神经网络在计算上的难度，同时也说明了深层神经网络在学习上的优异性。从此，神经网络重新成为机器学习界中的主流强大学习技术。同时，具有多个隐藏层的神经网络被称为深度神经网络，基于深度神经网络的学习研究称为深度学习。

深度学习的出现引起社会极大的关注，很多公司和研究者开始对深度学习领域进行研究，并取得了巨大进展。

2012 年 6 月，《纽约时报》披露了 Google Brain 项目，这个项目是由机器学习领域专家 Andrew Ng 和 Map-Reduce 发明人 Jeff Dean 共同主导，用 16 000 个 CPU Core 的并行计算平台训练一种称为“深层神经网络”的机器学习模型，在语音识别和图像识别等领域获得了巨大的成功。

2012 年 11 月，微软在中国天津的一次活动上公开演示了一个全自动的同声传译系统，讲演者用英文演讲，后台的计算机一气呵成自动完成语音识别、英中机器翻译，以及中文语音合成，效果非常流畅，其中支撑的关键技术是深度学习。

2013 年 1 月，在百度的年会上，创始人兼 CEO 李彦宏成立百度研究院，重点方向就是深度学习，并为此而成立深度学习研究院(IDL)。

2013 年 4 月，《麻省理工学院技术评论》杂志将深度学习列为 2013 年十大突破性技术(Breakthrough Technology)之首。

深度学习属于机器学习的子类。深度学习的发展极大地提高了机器学习在计算机领域的地位，并进一步推动了业界对机器学习的父类——人工智能领域的再次重视。

1.1.4 习题与实践

1. 填空题

(1) 微软提出的数据科学过程分为________、________、________、________四部分。

(2) 标准的数据科学过程可以分为设定研究目标、________、数据准备、________、数据建模、________六个步骤。

2. 简答题

(1) 机器学习的流程包括哪几部分？

(2) 机器学习的范围有哪些？与哪些领域有着密切的结合？

1.2 编程思维

1.2.1 编程思维概述

谈起编程，读者是不是会有一种望而却步的感觉？编程曾经一度被认为是一种高深莫测的技能，是程序员的专属。但是随着编程语言和工具的发展，编程的难度已经大大降低，人人都可以做到。

编程思维并不是编写程序的技巧，而是一种高效解决问题的思维方式，是现代化数字公民的基本素养。编程思维和计算思维有着紧密的联系，都是发现问题、分析问题、解决问题的一系列思维过程。编程思维主要包括以下内容。

(1) 分而治之(Divide and Conquer)：和计算思维中的问题分解相同，将大问题化解成小问题，这是解决问题的基本前提。

(2) 循序渐进(Step by Step)：将每一个小问题一一解决，积跬步以致千里，最终解决整个复杂问题。在解决问题的过程中需要应用计算思维中的抽象、模式识别和算法，其中算法是编程思维的核心。通过设计算法、实现算法和执行算法来解决问题。

(3) 试错迭代(Trial and Error)：没有任何一个解决方案是完美的，很多方案都是在不断试错、不断调整、不断优化和改进中得到的。例如，软件的更新和升级。

(4) 异常处理(Exceptional Handling)：解决问题的过程中难免出现计划之外的事情，异常处理就是一种如何处理异常状况的机制。

下面举一个编程思维的实例。鸡兔同笼是一个有趣的问题，早在1500年前，《孙子算经》中就记载了鸡兔同笼问题："今有雉兔同笼，上有三十五头，下有九十四足，问雉兔各几何？"解决这类问题的方法很多，最常见的方法是列方程，假设鸡有 x 只、兔有 y 只，可得方程为：

$$\begin{cases} x + y = 35 \\ 2x + 4y = 94 \end{cases}$$

通过求解二元一次方程可得鸡有23只，兔有12只。

下面来看一看如何应用编程思维来求解鸡兔同笼问题。首先假设鸡有 x 只，兔有 y 只。然后应用穷举算法，假设鸡从1到35，兔子的数量用鸡的数量表示为 $35-x$，那么鸡脚和兔脚的总和表示为 $2x+4y$，判断 $2x+4y$ 是否等于94，如果相等，此时的 x 就是鸡的数量，$35-x$ 就是兔子的数量。这个算法的流程图表示如图1-7所示。

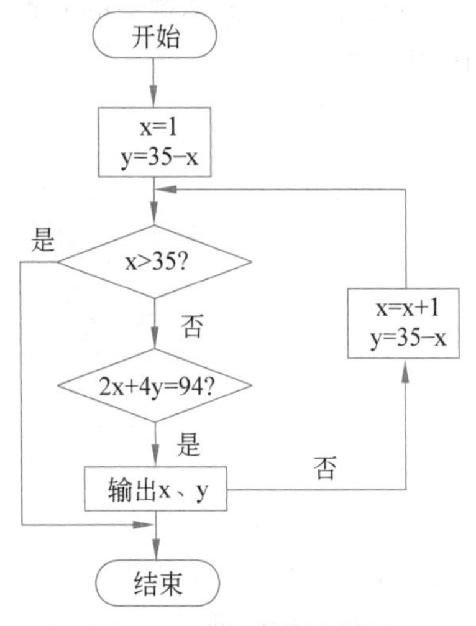

图1-7　鸡兔同笼流程图

通过列方程和编程思维两种方式求解鸡兔同笼问题，可以看到两种方法有相似点，都是假设未知变量，对问题进行抽象描述。但是两者也有不同点，列方程方法是通过求解方程得到结果，而编程思维应用了穷举算法，穷举算法是一种常见的算法，但是在人工计算中却不经常使用，这是因为可能情况太多，而人的计算能力有限。但是，由于计算机强大的计算能力，穷举所有的可能性常常是小菜一碟，因此穷举算法经常在编程中被使用。

1.2.2　习题与实践

简述什么是编程思维。

1.3　数据结构与应用

在计算机科学中，数据结构(Data Structure)是计算机中存储、组织数据的方式。它是指相互之间存在一种或多种特定关系的数据元素的集合。通常情况下，精心选择的数据结构可以带来更高的运行或者存储效率。

数据结构研究的是数据的逻辑结构和数据的物理结构以及它们之间的相互关系，并对这种结构定义相适应的运算，设计出相应的算法，并确保经过这些运算以后所得到的新结构仍保持原来的结构类型。数据的逻辑结构和物理结构是数据结构的两个密切相关的方面，同一逻辑结构可以对应不同的存储结构。算法的设计取决于数据的逻辑结构，而算法的实现依赖于指定的存储结构。

1.3.1　数据的逻辑结构

数据的逻辑结构(Logical Structure)是指反映数据元素之间逻辑关系的数据结构，其中的逻辑关系是指元素之间的前后关系，而与它们在计算机中的存储位置无关。逻辑结构包括：集合、线性结构、树状结构、图结构。每一种逻辑结构中元素之间的相互关系各不相同。

在集合中，数据结构中的元素之间除了“同属一个集合”的相互关系外，别无其他关系。如图 1-8 所示。

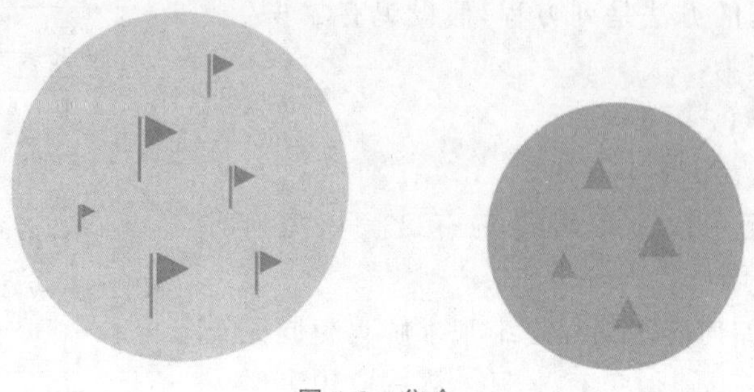

图 1-8　集合

在线性结构中，元素之间存在一对一的相互关系，如图 1-9 所示。主要的线性结构包括：线性表、链表、堆、栈等。

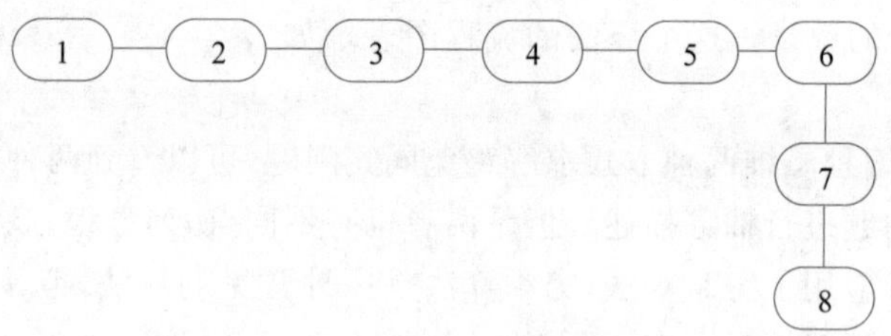

图 1-9　线性结构

在树状结构中，元素之间存在一对多的相互关系，如图 1-10 所示。

在图结构中，元素之间存在多对多的相互关系，如图 1-11 所示。

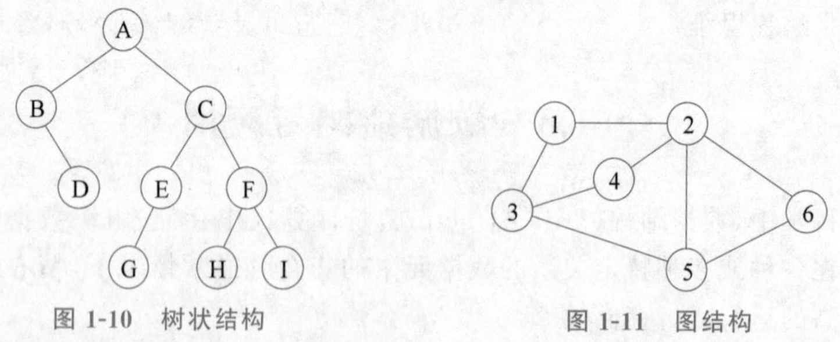

图 1-10　树状结构　　图 1-11　图结构

1.3.2　数据的存储结构

数据的逻辑结构在计算机存储空间中的存放形式称为数据的物理结构（也称为存储结构）。数据的物理结构是数据结构在计算机中的表示（也称映像），它包括数据元素的机内表示和关系的机内表示。由于具体实现的方法有顺序、链接、索引、散列等多种，所以一种数据结构可表示成一种或多种存储结构。常用的存储结构有顺序存储、链式存储、索引存储和哈希存储等。

数据元素的机内表示（映像方法）：用二进制位（bit）的位串表示数据元素。通常称这种位串为结点(node)。当数据元素由若干个数据项组成时,位串中与数据项对应的子位串称为数据域(data field)。因此,结点是数据元素的机内表示(或机内映像)。

关系的机内表示(映像方法):数据元素之间的关系的机内表示可以分为顺序映像和非顺序映像。常用两种存储结构:顺序存储结构和链式存储结构。顺序映像借助元素在存储器中的相对位置来表示数据元素之间的逻辑关系。非顺序映像借助指示元素存储位置的指针(pointer)来表示数据元素之间的逻辑关系。

1.3.3　常见的数据结构

在计算机科学的发展过程中,数据结构也随之发展。程序设计中常用的数据结构包括如下几个。

1. 数组

在计算机科学中,数组数据结构,简称数组(Array),是由相同类型的元素的集合所组成的数据结构,分配一块连续的内存来存储。利用元素的索引可以计算出该元素对应的存储地址。

最简单的数据结构类型是一维数组。例如,索引为 0～9 的 32 位整数数组,可看作为在存储器地址 2000,2004,2008,…,2036 中,存储 10 个变量。数组第一个元素的存储器地址称为第一地址或基础地址。

2. 链表

链表(Linked List)是一种常见的基础数据结构,是一种线性表,但是并不会按线性的顺序存储数据,而是在每一个结点里存放到下一个结点的指针(Pointer)。

使用链表结构可以克服数组链表需要预先知道数据大小的缺点,链表结构可以充分利用计算机内存空间,实现灵活的内存动态管理。但是链表失去了数组随机读取的优点,同时链表由于增加了结点的指针域,空间开销比较大。

3. 堆栈

堆栈(Stack)又称为栈或堆叠,是计算机科学中的一种抽象数据类型,只允许在有序的线性数据集合的一端(称为堆栈顶端:top)进行加入 push(数据)和移除 pop(数据)的运算,如图 1-12 所示。因而按照后进先出(Last In First Out,LIFO)的原理运作。

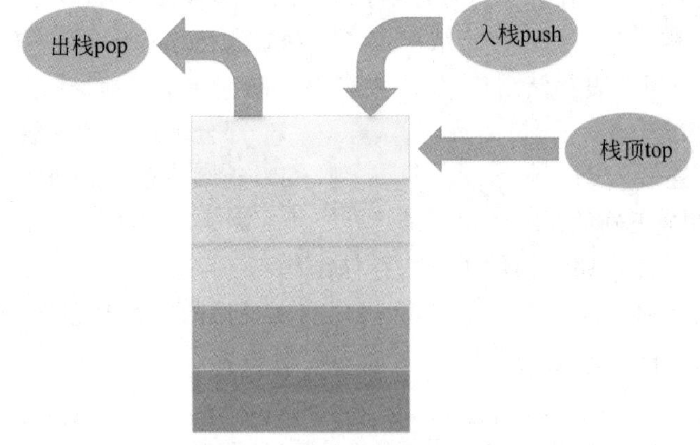

图 1-12　堆栈的工作原理

堆栈常用一维数组或链表来实现。在日常编程中，编译器的语法检查就可以利用堆栈来实现，例如，程序语言中很多符号都是成对出现的，如“()”“[]”“{}”“<>”这些成对出现的符号，凡是遇到括号的前半部分，即把这个元素入栈，凡是遇到括号的后半部分，就比对栈顶元素是否与该元素相匹配，如果匹配，则括号的前半部分出栈，否则就是匹配出错。

4. 树

在计算机科学中，树(Tree)是由 $n(n>0)$ 个有限结点组成一个具有层次关系的集合。把它叫作“树”是因为它看起来像一棵倒挂的树，也就是说，它是根朝上而叶朝下的。它具有以下的特点。

(1) 每个结点都只有有限个子结点或无子结点。

(2) 没有父结点的结点称为根结点。

(3) 每一个非根结点有且只有一个父结点。

(4) 除了根结点外，每个子结点可以分为多个不相交的子树。

(5) 树里面没有环路。

Linux 操作系统就应用了文件目录树，目录树的起点是根目录，Linux 文件系统中每一文件在此目录树中的文件名都是独一无二的，因为其包含从根目录开始的完整路径。

5. 图

在数学的分支图论中，图(Graph)用于表示物件与物件之间的关系，是图论的基本研究对象。

图是由点和边组成的，如果给图的每条边规定一个方向，那么得到的图称为有向图。在有向图中，与一个结点相关联的边有出边和入边之分。相反，没有方向的图称为无向图。

实际生活中，图的应用非常广泛，例如，知识图谱、导航地图等。

正确的数据结构选择可以提高算法的效率。在计算机程序设计的过程中，选择适当的数据结构是一项重要工作。从许多大型系统的编写经验可以得知，程序设计的困难程度、最终成果的质量与表现，取决于是否选择了最适合的数据结构。

1.3.4 习题与实践

选择题

(1) 数据元素及其关系在计算机存储器内的表示，称为数据的(　　)。

A. 逻辑结构　　B. 存储结构　　C. 线性结构　　D. 非线性结构

(2) 线性表若采用链表存储结构，要求内存中可用存储单元地址(　　)。

A. 必须连续　　B. 部分地址必须连续

C. 一定不连续　　D. 连续不连续均可

(3) 下列叙述中，正确的是(　　)。

A. 数组的线性存储结构优于链表存储结构

B. 链表充分利用计算机内存空间，可以实现灵活的内存动态管理

C. 堆栈的操作方式是先进先出

D. 树有多个父结点

(4) 数据结构中，与所使用的计算机无关的是数据的(　　)。

A. 存储　　B. 物理　　C. 逻辑　　D. 物理和存储

(5) 数据在计算机存储器内表示时，物理地址与逻辑地址相同并且是连续的，称为(　　)。

A. 存储结构　　B. 顺序存储结构

C. 逻辑结构　　D. 链式存储结构

(6) 链接存储的存储结构所占存储空间(　　)。

A. 分为两部分，一部分存放结点值，另一部分存放表示结点间关系的指针

B. 只有一部分，存放结点值

C. 只有一部分，存储表示结点间关系的指针

D. 分为两部分，一部分存放结点值，另一部分存放结点所占单元数

(7) 链表是一种采用(　　)存储结构存储的线性表。

A. 顺序　　B. 链式　　C. 星状　　D. 网状

(8) 堆栈中元素的进出原则是(　　)。

A. 先进先出　　B. 后进先出　　C. 栈空则进　　D. 栈满则出

(9) 以下数据结构中不属于线性数据结构的是(　　)。

A. 数组　　B. 堆栈　　C. 树　　D. 链表

(10) 数据的存储结构是指(　　)。

A. 存储在外存中的数据

B. 数据所占的存储空间量

C. 数据在计算机中的顺序存储方式

D. 数据的逻辑结构在计算机中的表示

1.4 数据隐私与数据安全

1.4.1 数据隐私

“算法+大数据”已经成为我们这个时代的强大武器，大到甚至能够毁灭我们自己，犹如《未来简史》的作者 Yuval Harari 在他的书中指出的那样。因此，《人类算法：从入门到毁灭》中提到：要警惕这些算法成为少数人所利用的工具，因为，若干年后，从人类文明的历史进程来看，不是算法控制了人，而是少数人控制了多数人。

中国科学技术发展战略研究院的武夷山老师写了一篇《大数据应用的“傲慢与偏见”》的文章。他在文章中提到：我们已经生活在算法时代了。人们能否获得购车贷款、健康保险的缴费标准是多少等各种决策，越来越多地由数学模型和算法决定，而不是由人决定。从道理上说，这应该导致更公平的结果，因为一切都按规则来处理，似乎就消除了偏见。遗憾的是，数学模型和算法带来的是更多的不公平。现在使用的很多模型和算法都是不透明的，未受到规制的，明明有错却容不得质疑的。

例如，一些雇主利用信用评分来评价潜在的雇佣对象，认为若是其信用评分不高，今后的工作表现也好不到哪儿去。然而，二者之间究竟是否存在这样的联系很值得怀疑。再如，一些汽车保险公司在审查申请投保者资料时，不是看他们的驾驶记录，而是看他们的消费模式。还有，一些所谓的犯罪预测软件的实际效果，是引导警员们去贫困街区关注一些轻微滋事案件。

当你在上网娱乐、学习、浏览新闻或从事商业活动时,你就会无形中陷入一张数据采集的罗网,这张网的覆盖面之广你绝对难以想象。我们的经济和社会越来越由这些高深莫测的数学和算法来决定。这些数学模型和算法总是将人们置于各种营销陷阱中,使他们的生活“更智能化,更便捷”。

然而,我们必须更负责任地应用数学模型和算法,政府也必须对大数据应用加以规制。

人性决定了决策时趋利避害,大数据提供了寻找利益点和风险点的工具。工具本无善恶,人性使然耳。我们需要重新清理我们的头脑,让每个人都有新的权利使“数据透明并使用”。

今天,仅仅是通过手机点餐的动作就会触发并激活三百多个网络服务器,这些服务器通常会在用户的计算机中植入一个“cookie”软件,用以识别和跟踪访客,从而收集目标数据并获知用户的上网习惯。在这个互联网时代,每一天,各类公司都会通过仔细检索、审视我们的工作习惯和互联网的使用,再把我们各种行为的细节连接整合在一起。这种整合起来的数据极其详细,每个人的隐私早已被入侵得体无完肤。

后隐私时代已经到来。正如 1999 年时任美国 Sun Microsystems 公司的 CEO Scott McNealy 对众多媒体记者和分析师所说的话:“你的隐私只剩零了,想开点吧。”互联网的分享会彻底“杀死”隐私。我们进入了网络分享时代,也进入了后隐私时代。

一方面,物联网、大数据和无处不在的传感器网络记录着我们的世界和世界中的人群,就像我们人人都拥有了自己的一个黑匣子,随时可以被查阅而采取更好的对策。人类行为的大规模数据集有可能从根本上改变我们对抗疾病、设计城市或进行科学研究的方式,有人甚至将这种大规模数据集的使用行为与显微镜的发明相提并论。

另一方面,我们个人却不知道有多少信息被记录了,这些信息会传播到什么地方,也不知道哪些人会使用它,使用这些信息的目的何在,更无从知道这些信息的泄露会产生怎样的后果,依据这些信息所做的判断是否准确,是否存在偏见或破坏性。这对目前的人类社会来说,大数据和算法就是一个神秘的黑箱运作机制!

因此,数据需要透明,数据的使用方式(算法)也需要透明,要让这些公司将提炼的数据返回给我们。这种透明可产生巨大的社会红利,如帮助决策,优化个人的财富和健康,提高社区安全等。为什么人们对相对隐蔽的监测工具(如谷歌眼镜)会感到威胁,而对同样具有音频和视频记录的智能手机则无所畏惧,就是因为前者是不透明的。

隐私既然已死,一个可能的思路就是,我们应该好好利用我们自己的这些数据,让数据真正做到为人民服务。例如,塑造我们个人的品牌。当然,这需要全社会的共同努力,也需要人们不断地在实践中提高认识。

1.4.2 数据安全

随着云计算的发展,数据上云成为越来越重要的一个趋势。然而,用户在将大量数据交予云端处理的同时,也面临着巨大的安全风险。据威瑞森(Verizon)公司统计,2015 年全球有 61 个国家和地区出现了 79 790 起数据泄露事件。2018 年的 5000 万用户数据失窃事件,不仅使脸书(Facebook)公司市值当时蒸发 500 亿美元,还面临巨额天价罚款。Facebook 的创始人兼 CEO 马克·扎克伯格也在第一时间道歉:“我们有责任保护好用户数据,如果连这都做不到,那么就不配向用户提供服务。我创建了脸书,最终我要对发生在这个平台上的事件负责。”

频发的云安全事件使用户对数据外包到云端的安全性产生了担忧，多数用户和企业出于安全方面的考虑不愿意将关键数据存储于云端服务器或交给云端处理。可见数据安全问题已经严重阻碍了云计算服务的进一步应用和发展。

1. 数据面临的安全威胁

以 2015 年为例。2 月，约 5 万名 Uber 公司的司机信息被第三方获取；3 月，微软云(Microsoft Azure)因网络基础设施问题导致服务连续数天瘫痪，美国大型医疗保险商 CareFirst 被黑客攻击，致使 110 万名用户的信息泄露；8 月，谷歌计算引擎(Google Compute Engine)因受到雷电暴风袭击导致部分磁盘数据丢失；9 月，阿里云被曝存在重大安全漏洞，全部机器权限和用户资料被泄露。可以看出，在开放的网络环境下，外包到云端的用户数据面临着巨大的安全威胁，主要分为以下三方面。

1）数据泄露

导致数据泄露的原因包括网络攻击、云服务安全漏洞和不完善的管理措施等。

2）非法访问

将数据外包给云服务器，用户就失去了对数据的物理控制权，云服务器对数据进行何种操作用户将不得而知。云服务提供商可能会因某种商业目的而蓄意窥探用户数据，甚至将用户数据提供给第三方使用。另外，存储于云端的用户数据还有可能在用户不知情的情况下，被第三方监听访问。恶意黑客的攻击也有可能获取系统访问权限，非法读取和使用用户数据。

3）数据破坏或丢失

存储于云端的数据可能会因管理误操作、物理硬件失效(如磁盘损坏)、电力故障、自然灾害等原因丢失或损坏，造成数据服务不可用。另外，不可信的云服务提供商还可能为了节省存储空间、降低运营成本而移除用户极少使用的数据，造成数据丢失。

2. 云数据安全技术

在不可信云环境下，为确保云数据存储、共享、查询和计算等云服务中的数据安全，研究者们提出了一些新的、用户可控的安全技术，如表 1-1 所示。

表 1-1　云数据安全研究内容

云数据服务	安全威胁	安全需求	研究内容	
云数据存储	数据破坏或丢失	数据完整性	云数据安全验证	支持数据动态操作的验证 公开可审计验证 数据可恢复证明
云数据共享	非法访问	访问可控性	云数据安全共享	细粒度访问控制 访问权限动态更新 用户动态添加或撤销
云数据查询	数据泄露	数据机密性	云数据安全查询	支持丰富的查询功能 支持数据动态变化 支持查询结果排序
云数据计算	数据泄露	数据机密性	云数据安全计算	支持密文计算的同态加密 特定类型安全外包计算 外包计算结果验证

1）云数据安全验证

只有可信的云服务器才能保证用户数据的完整性，而不会为了节省存储空间故意删除用户数据。为确保数据能够正确可靠地存储于云服务器中，必然需要用户对其进行完整性验证。

2）云数据安全共享

云数据共享是云数据的一项基础服务，也是用户使用云服务的主要目的之一。在不可信的云环境下和大规模用户中实现安全可控的数据共享，是需要研究的问题。

3）云数据安全查询

在不可信的云环境下，出于机密性的考虑，存储于云服务器中的数据通常是被用户加密的，这使得云服务器无法为用户提供正常的数据查询功能。为解决这一问题，需要研究查询加密技术。

4）云数据安全计算

用户期望能够借助云端强大的计算能力进行数据处理，同时不想让云服务器获知所需处理的数据内容以及相应的计算结果。针对这种需求，需要研究安全外包计算技术。

1.4.3 数据道德

《大学》的开篇目，便是“大学之道，在明明德，在亲民，在止于至善”，此文旨在弘扬光明正大的品德，而在火爆全球的大数据面前，大数据人也要必备一些数据道德，才能以“德”服人。

何为数据道德？简单地说，道德是人们共同生活及其行为的准则和规范。而道德原则，则往往体现在公平、尊重、诚信、责任、信任、可靠性和透明度等方面。所谓数据伦理道德，关注的是与数据采集、存储、管理和使用的方式的道德原则。通常来说，在大数据应用中，数据的使用作为一种道德体现方式，有必要针对持续获取数据价值的企业确立长期使用原则。而不道德的数据利用会导致企业的商誉损失、客户流失，原因是数据安全风险被暴露出来。很多情况下，不道德的数据使用也是非法的，数据管理专业人员应当承担企业数据道德责任。

1. 数据伦理道德的核心概念

首先来了解一下数据伦理道德的几个核心概念。

（1）人的影响：由于数据可以表示人的行为特点，它的使用会影响人们的生活，因此必须进行质量和可靠性的管理。

（2）潜在的滥用：数据的滥用会造成人和组织的负面影响，所以数据道德当务之急要防止数据滥用。

（3）数据价值：数据具有经济价值。数据道德层面需要考虑数据所有权，应确定谁，通过什么方式，访问哪些数据。企业需要基于法律和法规要求明确数据保护责任。因为数据被代表人（如客户、供应商、患者等），数据管理专业人员应当确立数据道德（如合规合法），且有责任保护这些数据，确保不会被滥用。即便数据不直接代表人，它依然影响我们的生活。这里的数据道德不仅强调数据保护，也包括管理数据质量，因为人们做出决策往往会受到基于数据的预测和分析的完整性和准确性的影响。

从企业角度和技术角度来看，数据管理专业人士需要有效降低风险和确保数据安全，以及对数据可能带来的滥用和误解风险进行控制。这项责任应该贯穿整个数据生命周期。

2. 埃森哲的十二条守则

另外，对于数据专家和从业者们来说，还需要遵守以下埃森哲的十二条守则。这正是数据职业道德的基础。可以说，这对于不断发展壮大的数据行业来说是必不可少的。

(1) 最高守则：尊重数据背后的人。

当从数据中获取的洞见能够对人产生影响时，从业者需要首先考虑潜在危害。大数据能够创造出关于大众的有效信息，但是对个人来说，同样的信息则有可能导致不公平的结果。

(2) 追踪数据集的下游使用。

在使用数据的时候，数据专家应该尽量在目的和对数据的理解上跟数据提供方保持一致。从管理层面，数据集有时候会按照"公共""私有"和"专利"进行分类。然而，数据集的使用方式很少跟数据类型相关，更多的是取决于用户本身或者其所处的环境。对于被重复应用于不同目的的数据，如果这些应用之间产生了相关性，那么数据分析就会带来更多的希望和前景，也同时带来更大的风险。

(3) 尽量让隐私和安全保护达到期望标准。

数据主体对隐私和安全的期望标准是根据具体情况变动的。设计者和数据专家应该尽量考虑这些期望标准，并尽可能达到它们。

(4) 数据来源和分析工具决定了数据使用的结果。

世界上本没有所谓的"原始数据"——所有的数据集和对应的分析工具都或多或少地包含过去的人的主观决策。当然，这些"过去"是可以被审查的，如追踪数据收集的环境、许可方式、责任链，以及检查数据的质量和精确度等。

(5) 尽可能向数据提供者解释分析和销售方法。

数据在穿越整个供应链的过程中会产生相当的风险。在数据收集的时间点上，最大化的透明度可以把这种风险降到最低。

(6) 不要仅为了拥有更多数据而收集数据。

今天所收集的数据，有可能会在未来某一天的未知事务中起到作用——这就是数据分析的力量和危险性所在。但有时候，数据少一点可能会令分析更精确，风险更低。

(7) 数据是一个工具，可以涵盖更多人，也可能排除一些人。

虽然每一个人都可以从数据中获得好处，但是数据对每个人的影响并不是平等的。数据专家应该尽量减少其产品对不同人的影响力差异，并更多地聆听相关群体的声音。

(8) 遵守法律，并明确法律只是最低标准。

数字化进程的迅速发展，导致法律法规很难跟上其脚步。因此，现有的相关法律很容易出现偏差和漏洞。在这样的大背景下，要做好数据道德，企业领导人需要保证自己的合规框架比现行法律的标准更高。

(9) 数据专家和从业者需要准确地描述自己的从业资格、专业技能缺陷、符合职业标准的程度，并尽量担负同伴责任。

数据行业的长期成功取决于大众和客户的信任，从业者们应当尽量担负同伴责任，从而获得信任。

(10) 设计道德准则时，应将透明度、可配置性、责任和可审计性包含在内。

并非所有道德困境都能够被设计所解决，但设计可以打破许多障碍，使得道德准则更加通用和有效——这是一项工程挑战，应当投入本领域最优秀的人才。

（11）对产品和研究应该采取内部甚至外部的道德检验。

对于新产品、服务和研究项目，企业应该优先设立有效、一致、可行的道德标准。内部同行评审可以减少风险，而外部检验则可以增强公众信任。

（12）设立有效的管理活动，使所有成员知情，并定期进行审查。

过去通行的合规制度无法应对数据道德给今天的企业所带来的挑战。对于现在的数据行业，监管、社会等各方面的情况还在不断变动之中。企业之间需要相互合作，进行日常化和透明化的实践，才能更好地建立数据行业的道德管理体系。

1.4.4 习题与实践

1. 选择题

（1）关于隐私信息，以下说法错误的是（　　）。

A. 信息泄露的基础是因为有了大数据，尽管我们不能否认大数据带来的变革

B. 当前的个性化服务模式无形中将个人信息泄露从概率到规模都无数倍放大

C. 移动互联网时代大数据环境下的隐私保护已经成为一个重要的课题

D. 要保护隐私就要牺牲安全和便利

（2）以下网络安全技术中，在现实条件下尚不可行的是（　　）。

A. 采用数据加密　　B. 采用病毒防治

C. 采用防火墙　　D. 采用无任何漏洞的操作系统

（3）数据面临以下（　　）的安全威胁。

A. 数据泄露　　B. 非法访问

C. 数据破坏或丢失　　D. 以上都是

2. 问答题

（1）简述数据伦理道德的核心概念。

（2）什么是埃森哲的十二条守则？

第2章

基本数据处理

本章概要

世界著名计算机科学家高纳德·克努特(Donald Knuth)说过“编程之所以吸引人,不仅因为它能带来经济与科学上的回报,也因为它是一种类似于创作诗歌或音乐的审美体验。”本章内容围绕算法的表达、基本数据类型和批量数据处理的应用介绍算法和数据的基本概念。

同时针对实际的数据分析项目中,程序要处理的数据量较大的问题,讲解如何对大批量数据进行组织、存储和统一处理。在程序设计中,相同类型的数据可以使用统一的名称进行管理,在内存的存储上表现为存储空间的连续性,在数据的使用上体现出调用的连贯性。

学习目标

通过本章的学习,要求达到以下目标:

(1) 理解生活中的算法及其抽象定义。

(2) 掌握算法流程图的做法。

(3) 了解算法的控制结构。

(4) 掌握变量的使用方法、了解 Python 的基本数据类型。

(5) 掌握数据输出和输入的方法。

(6) 了解批量数据与基本数据类型的关系。

(7) 掌握 String 字符串型、List 列表型、Tuple 元组型、Dictionary 字典型、Set 集合型数据的批量操作。

2.1 算法的表达

2.1.1 什么是算法

从技术上讲,算法是一个有着精准定义的语句(指令或命令)的有限序列。该有限序列严格定义,为特定问题提供了一个解决方案。现实生活中处处存在着算法的概念,如制茶就是一种算法,不同种类的茶叶有不同的、严格的制茶流程,如

图 2-1 所示，每一个流程就是制作这种茶叶对应的有限序列。

绿茶	黄茶	黑茶	白茶	红茶
鲜叶	鲜叶	鲜叶	鲜叶	鲜叶
杀青	杀青	杀青	萎凋	萎凋
揉捻	揉捻	揉捻	干燥	揉捻
干燥	闷黄	渥堆		发酵
	干燥	干燥		干燥

图 2-1 不同类型的制茶流程

我们可以利用计算机进行各类算术运算、可以实现文字的查找、可以给数字或字符排序等，这类算法统称为“符号算法”。计算机科学中所研究的算法就是这类符号算法，而且符号算法多用编程语言正式地表现为计算机程序，或用编程语言混合英语语句的非正式风格来表示。

美国著名计算机专家 D.E.Knuth 认为，算法就是一个有穷规则的集合，它规定了一个解决某一特定类型问题的运算序列。可以把算法理解为若干基本操作及其规则作为元素的集合。在计算机科学中，为保证计算机有序执行指令，算法应具有指定输入、指定输出、确定性、有效性和有限性五个基本属性。从程序结构来看，通过顺序执行、条件分支和循环三种结构方式可基本完成算法的流程，实现复杂问题的条理化和简单化。

算法模型就是对算法特征的抽象，是用来描述问题的。例如，制茶算法模型、符号算法模型均是算法模型的实例。

2.1.2 算法流程图

可视图技术是呈现算法控制流的一种方法，使算法直观形象、易于理解。常用的流程图符号及其含义如表 2-1 所示。

表 2-1 常用的流程图符号及其含义

流程图符号	含 义	图 例
处理框（矩形框）	表示在过程中的一个单独的步骤，流程的简要说明可以写在矩形框内	
判断框（菱形框）	表示对给定的条件进行判断，判断条件是否成立以决定其后执行的操作。判定条件写在菱形框内	
起止框（圆角矩形）	表示一个过程的开始或结束，“开始”和“结束”写在符号内	
流程线（带箭头的指向线）	表示处理步骤在顺序中的进展路径，流程线的箭头表示一个过程的流程方向	

续表

流程图符号	含　义	图　例
数据框(平行四边形)	表示数据的输入、输出	
预定义过程	一般用来描述流程中较复杂的过程,该过程在处理中事先已知或已确定	

日常生活中人们经常会遇到各种处理流程,以图书馆的还书为例,要事先阅读还书规则。

(1) 凭借阅证还书。

(2) 若图书丢失,则根据要求赔偿。

(3) 若归还的图书未超过借阅期限,归还图书。

(4) 若归还的图书超过借阅期限,归还图书并根据要求补交罚金。

图书馆还书规则对应的流程图如图 2-2 所示。

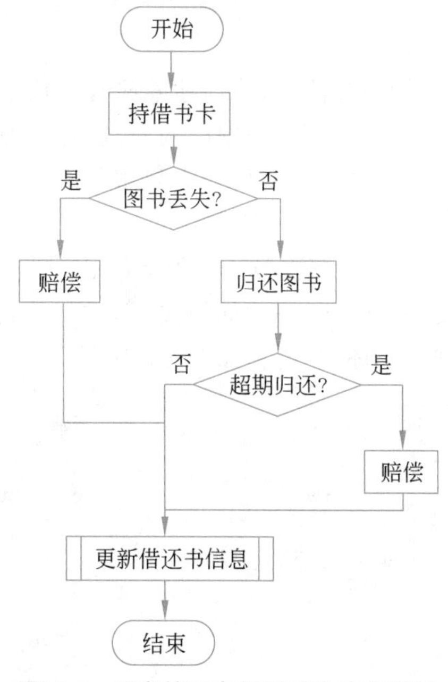

图 2-2　图书馆还书规则对应的流程图

2.1.3　算法的控制结构

算法包含两个基本要素,其一是操作,包括对数据对象的各种运算。在用计算机程序解决问题的过程中,算法的功能不仅取决于采用的操作,还取决于各个操作之间的执行顺序,即算法的控制结构。基本算法结构包括顺序结构、选择结构和循环结构三种。

1. 顺序结构

如果算法中的各个操作是依次执行的,这种结构就是顺序结构,即形如“执行 A 后执行 B”或“执行 A,然后执行 B”。例如,上述制作绿茶的算法中,“首先要采摘鲜叶,然后进行杀青”,这就是顺序执行。假设在一个算法中有一系列操作: S1,S2,S3,顺序执行操作流程图如图 2-3 所示。

2. 选择结构

在选择结构中，根据判断给定的条件是否成立，来选择后续执行的操作，即形如“如果P，则执行 S1”或“如果 P，则执行 S1，否则执行 S2”。例如，上述制茶的算法中，“采摘鲜叶之后，如果是制白茶，则进入萎凋工艺”，这就是根据条件选择执行。假设在一个算法中，有一个条件 P，当 P 成立时执行 S1，否则执行 S2，其算法流程图如图 2-4 所示。

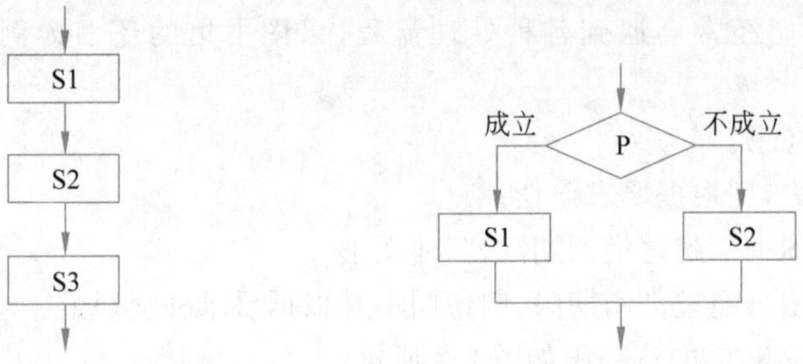

图 2-3 顺序结构算法流程图　　图 2-4 选择结构算法流程图

3. 循环结构

对于仅包含顺序和选择结构的算法，只能描述某些有限长度的过程，即算法中没有一个地方的执行次数多于一次。除了上述两种控制结构外，还有一种处理重复过程的控制结构，称为循环结构。循环结构有多种形式，主要分为有界限循环和条件循环，其中，条件循环结构又分为当型循环和直到型循环。

(1) 有界限循环是指事先指定循环次数 N，执行 N 次重复操作。

(2) 条件循环是指在满足某个判断条件的情况下，重复执行操作。根据判断条件的先后顺序，分为当型循环和直到型循环，其流程如图 2-5 所示。

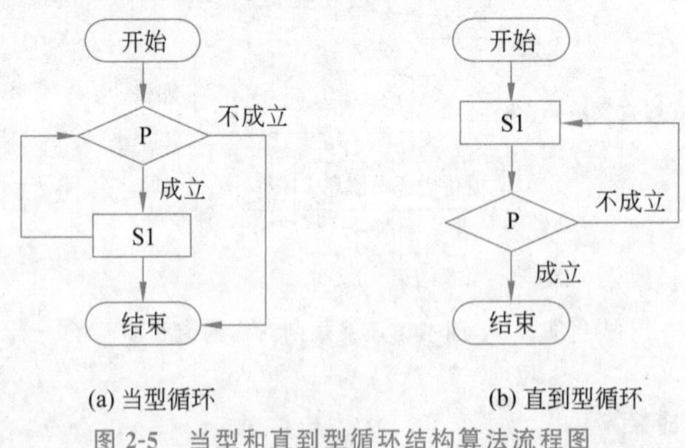

(a) 当型循环　　(b) 直到型循环

图 2-5 当型和直到型循环结构算法流程图

① 当(While)型循环中，先判断条件 P 是否成立，若成立则执行操作 S1；然后再判断 P 是否成立，若成立，再执行 S1……如此循环，直到 P 不成立，则循环结束。其形如“当 P 为真，则执行 S1”。例如，上述制作绿茶的算法中，在纯手工制作的情况下，“如果杀青时间小于 5 分钟，则继续杀青”，就是当型循环。

② 直到(Until)型循环中，先执行 S1，然后判断条件 P 是否成立；若不成立则再执行操作 S1，然后再判断 P 是否成立；若不成立，再执行 S1……如此循环，直到 P 成立，则循环结

束。其形如“重复执行 S1，直到 P 为真”。同样是上述绿茶的杀青工艺，采摘鲜叶后，“持续杀青，直到杀青时间大于 5 分钟”，即为直到型循环。

例 2-1：请用流程图描绘求班级学生期末成绩总和的算法。用数组的形式保存每个学生的期末成绩，用“成绩合计”保存所有学生期末成绩总和。

首先用文字来描述算法的需求。

(1) 初始化“成绩合计”为 0。

(2) 从数组的第一个元素开始处理。

(3) 把该元素的值累加到“成绩合计”。

(4) 如果该元素为数组最后一个元素，则累加结束；否则取下一个元素的值，重复(3)。

(5) 返回“成绩合计”。

根据上述流程分析可知，在(3)、(4)步骤需要使用循环结构。算法流程如图 2-6 所示。

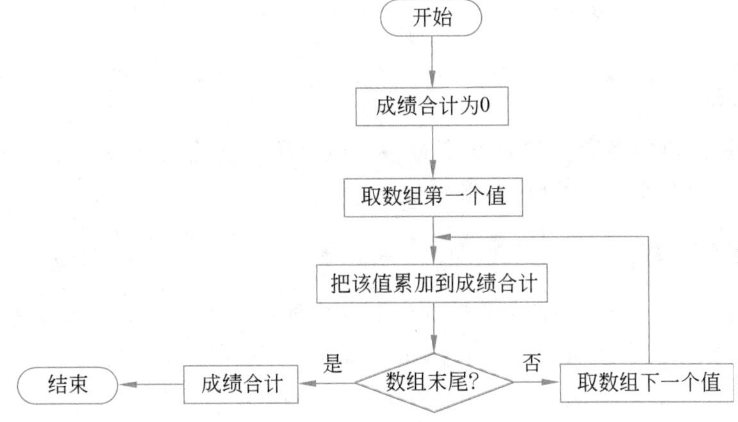

图 2-6　计算班级学生期末成绩总和的算法流程图

2.1.4　习题与实践

1. 填空题

(1) 在算法流程图中，菱形框表示________，矩形框表示________，带箭头的指向线表示________。

(2) 基本算法结构包括________、________、________。

2. 简答题

(1) 什么是算法？

(2) 以生活中的某一事件或规则为例，解释算法的概念，并绘制相应的算法流程图。

2.2　数据基础

2.2.1　数据的程序表达

1. 变量

在计算机科学中，变量实质上是计算机内存中的一个位置，程序在执行时，可以在此位置上存储值并对其进行更改。

假设一个变量是一个盒子，可以将物品放在盒子中。对变量进行操作的约束条件如下：一个变量在某一时刻只能放入一个值；如果有多个变量，需要为每个变量指定一个唯一的名称。如图 2-7 中，有 myValA、myValB、myValC 三个变量，分别放入不同的数值：25、6 和 "China"。

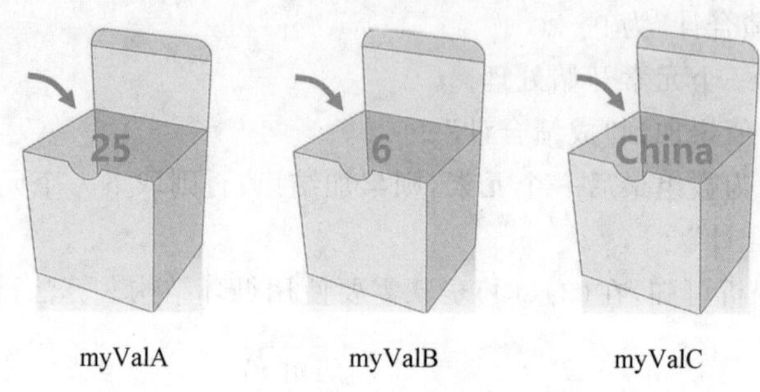

图 2-7 向三个变量中放入数值

1）赋值语句

我们通过赋值语句将数值保存在变量中。赋值语句包含一个变量名、一个等号（称为"赋值操作符"）、一个要存储的值，其形式如下。

```
变量名 = 要存储的值
```

如图 2-7 所示，把数值 25 放在变量 myValA 中的赋值语句为 myValA＝25。在交互环境中输入以下内容分别为 myValA、myValB 和 myValC 赋值，并查看赋值结果，如图 2-8 所示。

第一次为变量赋值，称为对变量进行初始化或创建变量。如果变量被赋予一个新值，原有的值将被取代。以上述三个变量为例，计算前两个变量的总和，并将结果存放在第三个变量中，执行的步骤如下。

（1）查看三个变量 myValA、myValB 和 myValC 的值。

（2）计算 myValA 和 myValB 的总和，并将结果存放在第三个变量 myValC 中。

（3）查看第三个变量 myValC 的值。

在交互环境中输入以下代码，实现上述处理，如图 2-9 所示。

```
>>> myValA = 25
>>> myValA
25
>>> myValB = 6
>>> myValB
6
>>> myValC = "China"
>>> myValC
'China'
```

图 2-8 变量初始化

```
>>> myValA
25
>>> myValB
6
>>> myValC
'China'
>>> myValC = myValA + myValB
>>> myValC
31
```

图 2-9 为变量重新赋值

2）变量名

对变量命名十分重要，能有效提高代码的可读性。也许在程序中会用到成百上千的变量，对每一个变量的命名都需要十分重视。例如，我们要到一间满是书柜的房间里寻找一本关于唐代历史的图书，每个书柜的每个抽屉上写的都是“图书”，查找就无从下手。因此，好的变量名是遵循命名规则、易于理解、能描述其所代表的数据含义的变量名。

Python 的变量命名规则如下。

(1) 变量名称只能包含英文大小写字符、数字和下画线(_)。

(2) 变量名不允许有空格，如果一个变量由多个单词组成，可以使用下画线字符(_)将这些单词连接起来。例如，“student name”是错误的变量名，可以改为“student_name”。

(3) 变量名区分大小写，例如，myValA、myvalA、myvala、MyvalA 表示 4 个不同的变量。

(4) 变量名不能以数字开头，可以以下画线(_)或字母开头。例如，“student1”是正确的变量名，而“1student”则是错误的变量名。

2. 数据类型

在内存中存储的数据可以有多种类型。例如，一个人的姓名可以用字符串来存储，他的年龄可以用数字来存储。Python 有以下六个标准的数据类型。

1) Numbers(数字)

Python 支持三种不同的数字类型：int(整型)、float(浮点型)、complex(复数)。例如，20 和－5 属于“整型”值，整型表示值是整数；浮点型表示有小数点的数值，如 3.14 属于“浮点型”。注意，55 是一个整型数值，而 55.0 是一个浮点型数值。Python 还支持复数，复数由实数部分和虚数部分构成，可以用 a＋bj 或者 complex(a，b)表示，复数的实部 a 和虚部 b 都是浮点型。表 2-2 为数值类型数据示例。

表 2-2　数值类型数据示例

类型名称	类　型	示　　例
整型	int	10，100，－739
浮点型	float	0.0，15.20，－21.9
复数	complex	3.14j，45.j，9.322e－36j

(1) 数字操作符：Python 提供了数字操作符，实现数值运算，数字操作符如表 2-3 所示。

表 2-3　Python 的数字操作符，优先级由高到低

操作符	操　　作	实　例	结　果
**	指数	2**3	8
%	取模/取余数	22%3	1
//	整除/商数取整	22//3	7
/	除法	22/8	2.75
*	乘法	3*9	27
－	减法	23－9	14
＋	加法	20＋1	21

(2) 数学函数与方法。

除了数字操作符之外，Python 还提供了许多有用的数学函数，可以方便地对数值进行处理。

① 取整函数：

```
int(value)
```

参数 value 是一个数值类型的数据或一个表示整数的字符串。当 value 是一个数值类型的数据时，该函数返回 value 的整数部分；当 value 是一个表示整数的字符串时，该函数将它转换为整数类型。

② 取实数函数：

```
float(value)
```

参数 value 是一个数值类型的数据或一个表示数值的字符串。当 value 是一个数值类型的数据时，该函数返回 value 的实数部分；当 value 是一个表示数值的字符串时，该函数将它转换为浮点数字形式。

③ 取最大值函数：

```
max(value1, value2, value3,…)
max(sequence)
```

该函数返回 sequence 的最大值，或者返回多个参数中的最大值。

④ 取最小值函数：

```
min(value1, value2, value3,…)
min(sequence)
```

该函数返回 sequence 的最小值，或者返回多个参数中的最小值。

2) String(字符串)

字符串或串是由数字、字母、下画线组成的一串字符，用半角的单引号(')或双引号(")引起来，引号必须在字符串的首尾成对出现，以标记字符串的开始和结束。例如，"Hello World!"表示一个字符串。可以有没有字符的字符串，称为"空字符串"或"空串"。图 2-10 展示了为变量 myStrVal 赋初始值"Hello World!"并显示，然后重新为该变量赋值，但是遗漏了字符串末尾的引号，出现错误信息。

```
>>> myStrVal = "Hello World!"
>>> myStrVal
'Hello World!'
>>> myStrVal = "Welcome!
SyntaxError: EOL while scanning string literal
```

图 2-10　字符串赋值示例

(1) 字符串操作符。

① 字符串的连接操作符＋。

```
subject1 + subject2
```

＋用于数值类型时，执行相加操作，如果用于两个字符串之间，可以将字符串进行连接，成为字符串连接操作符。字符串连接操作示例如图 2-11 所示。

```
>>> print("姓名: "+"小明")
姓名: 小明
>>>
```

图 2-11　字符串连接操作示例

② 字符串的复制操作符 *。

* 两边是数值类型时,执行相乘操作。如果 * 的左边是字符串,右边是整数 n,则用于将该字符串复制 n 次的操作。* 作为字符串复制操作符的形式如下。

```
subject * number
```

当作为字符串复制操作符时,* 的右边必须是整数,否则将会报错。字符串复制操作示例如图 2-12 所示。

```
>>> print("重要的事情说三遍!  " * 3)
重要的事情说三遍!  重要的事情说三遍!  重要的事情说三遍!
>>>
```

图 2-12　字符串复制操作示例

③ 访问字符串的第 i 个字符。

```
subject [i-1]
```

可以用字符的位置来访问字符串中的字符。Python 规定字符串的第一个字符所在位置为 0,因此,如果要访问字符串的第 i 个字符(i⩽n,n 为字符串长度),则只需要确定该字符的位置为 i−1 即可。图 2-13 为访问字符串中的字符代码示例。

④ 提取子串。

```
subject [[beginIndex]:[endIndex]]
```

返回字符串 subject 中位置从 beginIndex 到 endIndex 的子字符串,但是不包括位置 endIndex 的字符。如果 beginIndex 省略,则默认值为 0;如果 endIndex 省略,则默认值为字符串的结束位置。图 2-14 的示例显示了提取"kitten puppy"中的子串。

```
>>> a = "cat"
>>> print(a[0])
c
>>> print(a[1])
a
>>> print(a[2])
t
>>>
```

图 2-13　访问字符串中的字符

```
>>> a = "kitten puppy"
>>> print(a[0:6])
kitten
>>> print(a[:6])
kitten
>>> print(a[7:])
puppy
>>>
```

图 2-14　提取子串的示例

⑤ 截取字符串。

在 Python 中,截取操作采用切片的方法实现。通过切片方法截取字符串的语法如下。

```
subject[start:end:step]
```

参数说明:

subject:待截取的字符串。

start:要截取的第一个字符的索引,默认为 0。

end：要截取的最后一个字符的索引，默认为字符串的长度。

step：切片操作的步长，默认为 1。

需要注意，切片与提取字符串的操作有较大区别。提取字符串使用的是字符的索引，即从 0 开始的编号。而切片则是按位置进行提取。本质上，切片位置与索引位置交错出现，可以生动地理解为“栅栏式”访问，即每个字符的切片位置位于其索引位置的前面。Python 当中除了字符串还存在很多序列，其访问方式大都采用“栅栏式”访问方式。序列的索引及切片方式如图 2-15 所示。

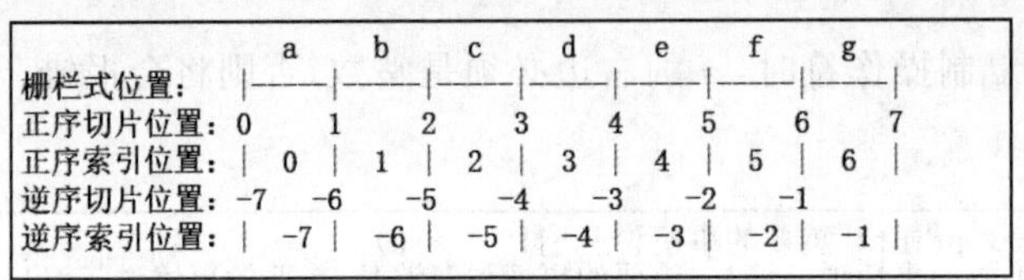

图 2-15　序列索引访问及切片方法

例 2-2：字符串索引和切片。

```
word='南京市长江大桥'
ans1=word[0:4]                          #截取前四个字符
print(ans1)
print(word[-3:-1]+ word[-1])   #倒数第二、三个字符，然后拼接最后一个字符
```

运行结果如图 2-16 所示。

图 2-16　字符串截取和索引结果

（2）字符串函数。

① 替换字符串。

```
subject.replace(search,replace)
```

该函数在字符串 subject 中用 search 查找，用 replace 替换 search 的所有匹配项。

例如，有一个字符串"最高分是王小明"，后来发现最高分计算有误，应该是"张红"，可以用下列方法替换"王小明"。

```
bestScore = "最高分是王小明"
chgScore = bestScore.replace("王小明","张红")
print(bestScore)
print(chgScore)
```

该程序的执行结果如图 2-17 所示。需要注意的是，字符串替换并不改变原始字符串的值。

② 取字符串长度。

```
len(subject)
```

该函数返回字符串的长度，即字符串包含的字符数，包括空格字符、符号、数字等。

例如，图 2-18 的示例代码返回字符串"Do you like computer?"的长度是 21。

```
================
最高分是王小明
最高分是张红
>>> |
```

图 2-17　字符串替换操作示例

```
>>> intL = len("Do you like computer?")
>>> print(intL)
21
>>> |
```

图 2-18　取字符串长度的示例

③ 查找字符或字符串在目标字符串中的位置。

```
subject.find(search)
```

该函数返回在字符串中第一次出现 search 字符或字符串的位置，如果要查找的字符或字符串不存在，则返回－1。Python 中规定字符串的第一个字母位于位置 0。例如，"Hello World"字符串中，字符"W"是第 7 个字符，其位置为 6。注意，空格和其他字符一样，也有长度和位置。

图 2-19 中的例子分别演示了查找的字符串存在和不存在两种情况。

```
>>> a = "Your dreams will come true."
>>> print(a.find("dreams"))
5
>>> print(a.find("work"))
-1
```

图 2-19　查找字符串的示例

④ 将字符串转换为小写字母。

```
subject.lower()
```

该函数返回转换为小写字母的字符串。

⑤ 将字符串转换为大写字母。

```
subject.upper()
```

该函数返回转换为大写字母的字符串。

例如，将字符串"I come from China."分别转换为小写字母和大写字母的代码如下。

```
a = "I come from China."
b = a.lower()
c = a.upper()
print(a)
print(b)
print(c)
```

该程序的执行结果如图 2-20 所示。需要注意，字符串大小写转换也不会改变原始字符串。

⑥ 将数字转换为字符串。

```
================
I come from China.
i come from china.
I COME FROM CHINA.
>>> |
```

图 2-20 字符串大小写转换的示例

str(number)

该函数返回一个字符串类型的数字,即它将一个整数或实数转换为一个字符串。

例如,图 2-21 的示例代码中的第一行 print 语句中,直接将数值类型的数字 18 和字符串做连接操作,系统报错;第二个 print 语句中,通过 str(18) 把数值类型的 18 转换为字符串类型的"18"之后,可以执行字符串连接操作。

```
>>> print("我今年的年龄是"+18)
Traceback (most recent call last):
  File "<pyshell#35>", line 1, in <module>
    print("我今年的年龄是"+18)
TypeError: can only concatenate str (not "int") to str
>>> print("我今年的年龄是"+str(18))
我今年的年龄是18
>>>
```

图 2-21 将数值转换为字符串的示例

3) List(列表)

列表数据类型包含由多个值构成的序列,列表以左方括号开始,以右方括号结束,即[]。在方括号对中包含多个值,这些值可以是字符串、数值或者是列表,列表中的值称为"表项",各个表项以逗号分隔,如["cat","bat","dog","elephant"],还可以将整个列表数据赋值给某个变量,如图 2-22 所示。

```
>>> ['1','2','3']
['1', '2', '3']
>>> ['cat','dog','rat','bat']
['cat', 'dog', 'rat', 'bat']
>>> ["xiaoming",12,"China",95.6]
['xiaoming', 12, 'China', 95.6]
>>> myList = ["University",2000,"Grade1","ShangHai"]
>>> myList
['University', 2000, 'Grade1', 'ShangHai']
```

图 2-22 列表型数据类型实例

(1) 创建列表。

创建一个列表,只要把逗号分隔的不同的数据项使用方括号括起来即可,如图 2-23 所示。

```
>>> List1 = ['SuXun','SuShi','SuZhe']
>>> print(List1)
['SuXun', 'SuShi', 'SuZhe']
>>> List2 = [100,'Math',85,'English']
>>> print(List2)
[100, 'Math', 85, 'English']
>>> |
```

图 2-23 创建列表的示例

（2）访问列表元素。

与字符串的索引一样，第一个列表索引从 0 开始，第二个索引是 1，以此类推；索引也可以从尾部开始，最后一个元素的索引为－1，往前一位为－2，以此类推。如图 2-24 的示例代码中 List1[1]访问的是列表的第二个元素，List1[－1]访问的是列表倒数第一个元素。

```
>>> List1 = ['SuXun','SuShi','SuZhe']
>>> print(List1[1])
SuShi
>>> print(List1[-1])
SuZhe
>>>
```

图 2-24　利用索引访问列表元素的示例

还可以使用索引截取列表中的部分元素，其形式如下。

```
list[startIndex:endIndex]
```

其中，startIndex 表示起始元素的索引，endIndex 表示终止元素的索引(不包括该元素)。如图 2-25 所示，listNum[1:4]访问列表的第 2 个元素开始第 4 个元素为止的三个元素。

```
>>> listNum = [10,20,30,40,50,60,70,80]
>>> print(listNum[1:4])
[20, 30, 40]
>>> |
```

图 2-25　利用索引截取列表的示例

（3）添加列表元素。

可以使用 append 或 insert 向列表中添加元素，形式如下。

```
list.append(element)
list.insert(index,element)
```

使用 append 把元素添加至原列表的末尾，而使用 insert 可以指定元素想要插入的位置。

分别用两种方式向列表添加元素，在 Python 程序中输入以下代码。

```
List1 = ['SuXun','SuShi','SuZhe']
print(List1)
List1.append("OuYangXiu")
print(List1)
List1.insert(0,'WangAnShi')
print(List1)
```

该程序的执行结果如图 2-26 所示。

（4）更改列表项。

直接对列表项赋值就可以实现列表的更改，示例代码如图 2-27 所示。

（5）删除列表项。

可以使用 del 或 remove 从列表中删除元素，形式如下。

```
['SuXun', 'SuShi', 'SuZhe']
['SuXun', 'SuShi', 'SuZhe', 'OuYangXiu']
['WangAnShi', 'SuXun', 'SuShi', 'SuZhe', 'OuYangXiu']
>>> |
```

图 2-26 分别用 append 和 insert 向列表添加元素

```
>>> listNum = [10,20,30,40,50,60,70,80]
>>> print(listNum[3])
40
>>> listNum[3]=400
>>> print(listNum)
[10, 20, 30, 400, 50, 60, 70, 80]
>>>
```

图 2-27 更改列表项

```
del list[delIndex]
list.remove(element)
```

其中,del 从指定要删除的元素的位置实施删除,而 remove 将删除列表中某个值的第一个匹配项。分别用两种方式从列表删除元素,在 Python 程序中输入以下代码。

```
List1 = ['WangAnShi', 'SuXun', 'SuShi', 'SuZhe', 'OuYangXiu']
print(List1)
del List1[0]
print(List1)
List1.remove("SuShi")
print(List1)
```

该程序的执行结果如图 2-28 所示。

```
['WangAnShi', 'SuXun', 'SuShi', 'SuZhe', 'OuYangXiu']
['SuXun', 'SuShi', 'SuZhe', 'OuYangXiu']
['SuXun', 'SuZhe', 'OuYangXiu']
>>> |
```

图 2-28 分别用 del 和 remove 从列表删除元素

4) Tuple(元组)

元组数据类型和列表一样,可以包含由多个值组成的序列,但是和列表的不同之处在于:其一,元组用圆括号()表示起止;其二,元组中的值不能被修改,可以将元组理解为只读类型的列表。例如,在下列程序中创建一个元组类型的变量 myInfo,通过 myInfo=("xiaoming",12, "China",95.6)为其赋值;用 myInfo[0]查看该元组中第一个数值;试图通过给 myInfo[0]重新赋值来改变元组中第一个数值,会提示错误信息,如图 2-29 所示。

5) Dictionary(字典)

字典是一种特殊格式的数值序列,其中的元素(value)是通过键(key)来存取,用花括号标识。字典中的每个索引(key)及其对应的值 value 组成一个数值对,称为"键-值对"。字典的一般形式如下。

```
dict = {key1:value1,key2:value2,…,keyn:valuen}
```

```
>>> myInfo = ("xiaoming",12,"China",95.6)
>>> myInfo
('xiaoming', 12, 'China', 95.6)
>>> myInfo[0]
'xiaoming'
>>> myInfo[0]="xiaofang"
Traceback (most recent call last):
  File "<pyshell#23>", line 1, in <module>
    myInfo[0]="xiaofang"
TypeError: 'tuple' object does not support item assignment
```

图 2-29　元组数据类型实例

字典的键必须是唯一的,但值可以不唯一。值可以取任何数据类型,但键必须是不可变的,如字符串、数字。

（1）创建字典。

图 2-30 的示例程序能够创建字典变量并查看变量值,程序中把一个字典型数值赋给 mySchool 变量,这个字典的键是'type'、'location'、'postcode',各个键对应的值分别是'university'、'Shanghai'、'200062'。

```
>>> mySchool = {'type':'university','location':'Shanghai','postcode':'200062'}
>>> mySchool
```

图 2-30　创建字典变量实例

（2）访问字典里的值。

可以通过字典的键访问相应的值,形式如下。

```
dict[key]
```

图 2-31 显示了通过键'location'和'postcode'访问其对应的值。

```
>>> mySchool['location']
'Shanghai'
>>> mySchool['postcode']
'200062'
```

图 2-31　字典类型的数据通过键访问相应的值

（3）修改字典。

利用字典的键可以给该键赋予新值,实现字典的更新;如果定义一个新的键,则可以实现向字典添加新的键-值对。

图 2-32 的示例代码描述了通过键'Name'来修改相应的值,通过新的键'School'向字典添加了新的键-值对。

```
>>> dict = {'Name': 'Runoob', 'Age': 7, 'Class': 'First'}
>>> print(dict)
{'Name': 'Runoob', 'Age': 7, 'Class': 'First'}
>>> dict['Name'] = 'Xiaoming'
>>> dict['School'] = 'XiangYang'
>>> print(dict)
{'Name': 'Xiaoming', 'Age': 7, 'Class': 'First', 'School': 'XiangYang'}
>>> |
```

图 2-32　修改字典

（4）删除字典元素。

利用 del 可以删除字段中相应的键-值对,形式如下。

```
del dict[key]
```

图 2-33 显示了根据键'Name'删除该键-值对。

```
>>> print(dict)
{'Name': 'Xiaoming', 'Age': 7, 'Class': 'First', 'School': 'XiangYang'}
>>> del dict['Name']
>>> print(dict)
{'Age': 7, 'Class': 'First', 'School': 'XiangYang'}
>>>
```

图 2-33 删除字段元素

6) Set(集合)

集合 Set(集合)由一列无序的、不重复的数据项组成。Python 中的集合与数学中的集合概念相同,每个元素在集合中都是唯一存在的。同时,集合不设置顺序,每次输出时元素的排序可能都不相同。集合使用花括号,形式上和字典类似,但数据项不是成对的。

(1) 创建 set 集合。

创建集合可以使用花括号{}或者 set()函数,但创建一个空集合必须用 set()函数而不能用{},因为空的大括号{}创建的是空的字典。建立一个由(v1,v2,…)组成的集合 mySet,可以使用 mySet={v1,v2,…}。

```
>>> var = set()
>>> print(var,type(var))
set() <class 'set'>
>>> |
```

图 2-34 创建一个空集合,并显示集合内容和类型

图 2-34 用 set()创建一个空集合,并显示集合内容和类型。

创建一个有数据的集合,当集合中存在重复项时,输出的结果将重复项去除。图 2-35 描述了创建一个有数据的集合,并输出集合内容和类型。可以注意到,集合元素是无序输出的。

```
>>> var = {'LiLei','HanMeiMei','ZhangHua', 'LiLei', 'LiLei'}
>>> print(var,type(var))
{'ZhangHua', 'HanMeiMei', 'LiLei'} <class 'set'>
>>> |
```

图 2-35 创建一个非空集合,并显示集合内容和类型

使用 in 关键字能够快速判断元素是否在集合中存在,如图 2-36 所示。需要注意的是,元素的值是大小写敏感的。

```
>>> var = {'LiLei','HanMeiMei','ZhangHua', 'LiLei', 'LiLei'}
>>> result = "LiLei" in var
>>> print(result)
True
>>> result = "lilei" in var
>>> print(result)
False
>>>
```

图 2-36 判断元素是否在集合中存在

还可以使用 list 列表来创建集合,列表中的数据项直接作为集合的元素。生成的 set 集合和原 list 列表相比,数据项顺序有可能不同,并且会去除重复数据项。例如,由列表 list1 建立一个 aSet 集合,可以使用 aSet=set(list1)。

(2) 添加数据项。

为集合添加数据项有两种常用方法,是 add()和 update()。

```
var.add(element)
var.update(element)
```

其中,add()方法将元素添加到集合中;update()方法将元素拆分后,分别添加到集合中。

如执行 add("JiKang"),则将"JiKang"添加至集合;若执行 update("DuFu"),则将"D"、"F"、"u"分别添加至集合。

在 Python 程序中输入以下代码。

```
var = {'RuanJi','RuanXian','ShanTao','LiuLing','XiangXiu','WangRong'}
print(var)
var.add('JiKang')
print(var)
var.update('DuFu')
print(var)
```

该程序的执行结果如图 2-37 所示。从第二行输出的结果可知,利用 add('JiKang'),将"JiKang"元素添加到了集合中;从第三行输出的结果可知,利用 update('DuFu'),将'DuFu'拆分成"D"、"F"、"u",分别添加到集合中。

```
{'RuanJi', 'ShanTao', 'XiangXiu', 'LiuLing', 'RuanXian', 'WangRong'}
{'RuanJi', 'ShanTao', 'XiangXiu', 'JiKang', 'LiuLing', 'RuanXian', 'WangRong'}
{'F', 'D', 'RuanJi', 'XiangXiu', 'JiKang', 'LiuLing', 'u', 'ShanTao', 'RuanXian', 'WangRong'}
>>>
```

图 2-37　分别使用 add()和 update()向集合添加元素

(3) 删除集合项。

常用方法是 remove(),其形式为:

```
var.remove(element)
```

在上述 Python 程序中增加 remove 处理后,代码如下。

```
var = {'RuanJi','RuanXian','ShanTao','LiuLing','XiangXiu','WangRong'}
    print(var)
    var.add('JiKang')
    print(var)
    var.update('DuFu')
    print(var)
    var.remove("D")
    var.remove("F")
    var.remove("u")
    print(var)
```

该程序的执行结果如图 2-38 所示。第四行的输出是从集合中删除了"D"、"F"、"u"元素之后的结果。

```
{'ShanTao', 'WangRong', 'XiangXiu', 'RuanXian', 'RuanJi', 'LiuLing'}
{'JiKang', 'ShanTao', 'WangRong', 'XiangXiu', 'RuanXian', 'RuanJi', 'LiuLing'}
{'JiKang', 'ShanTao', 'WangRong', 'RuanXian', 'LiuLing', 'RuanJi', 'D', 'F', 'XiangXiu', 'u'}
{'JiKang', 'ShanTao', 'WangRong', 'RuanXian', 'LiuLing', 'RuanJi', 'XiangXiu'}
>>> |
```

图 2-38 用 remove 删除集合元素

2.2.2 数据的传递

1. 输出

Python 使用 print()函数把信息或最终结果显示到屏幕上。print()函数的格式为：

```
print(para1,para2,…,paran,[sep="markS"],[end="markE"])
```

其中，para1,para2,…,paran 是以逗号分隔的多个参数，它们都将作为输出显示在屏幕上。参数 sep 可选，代表各输出项之间的分隔符，默认是空格。用 end 参数可以设置输出之后的结束方式，默认值是 end="\n"，即输出之后立即换行。

1）输出字符串

```
print(字符串)
```

注意要输出的字符串必须在单引号或双引号中。

例如：print("Hello World!")该函数将"Hello World!"（不带双引号）显示到用户的屏幕上，如图 2-39 所示。

2）输出空行

```
print()
```

没有任何参数，可以输出空白行。

3）输出变量的值

当希望显示出变量的值时，直接将变量名作为参数传给 print()函数，而不需要给该变量添加单引号或双引号，示例代码如图 2-40 所示。

```
>>> print("Hello World!")
Hello World!
>>> print('Hello World!')
Hello World!
```

图 2-39 输出字符串

```
>>> strWel = "Welcome to the world of Python!"
>>> print(strWel)
Welcome to the world of Python!
```

图 2-40 输出变量的值

4）输出计算结果

可以用 print()函数直接输出数学表达式的结果，如图 2-41 所示：第一个和第二个函数分别输出加法和乘法计算的结果，第三个函数输出 Python 的内置函数 pow()进行幂计算的结果。

5）输出多个参数

可以向 print()函数传入多个参数，以输出多个信息或计算结果，各个参数之间以逗号分隔，图 2-42 是输出两个参数的示例。

```
>>> print(11+291)
302
>>> print(16*256)
4096
>>> print(pow(2,10))
1024
```

图 2-41　输出数学表达式的结果

```
>>> strCity = "ShangHai"
>>> print(strCity,"is a charming city!")
ShangHai is a charming city!
>>> print("The sum of 15 and 231 is",15 + 231)
The sum of 15 and 231 is 246
```

图 2-42　输出两个参数

Python 用 print()输出多个参数时，自动在各个参数之间输出一个空格。如果想自定义参数之间的分隔符，可以使用 sep 选项指定分隔符。例如：

```
print("Spring","Summer","Autumn","Winter") 将输出以空格分隔的四个字符串
print("Spring","Summer","Autumn","Winter", sep = "#") 将输出以"#"分隔的四个字符串
```

结果如图 2-43 所示。

```
>>> print("Spring","Summer","Autumn","Winter")
Spring Summer Autumn Winter
>>> print("Spring","Summer","Autumn","Winter",sep = "#")
Spring#Summer#Autumn#Winter
```

图 2-43　默认分隔符和自定义分隔符

print()函数在输出完最后一个参数之后，会自动地加上一个换行符"\n"，因此多个 print()语句输出的信息在屏幕上逐条换行显示。在 Python 程序中输入以下代码。

```
strSea1 = "Spring"
strSea2 = "Summer"
strSea3 = "Autumn"
strSea4 = "Winter"
print(strSea1,"is green with flower and song,")
print(strSea2,"is hot and days are long,")
print(strSea3,"is rich with fruit and grain,")
print(strSea4,"brings snow and the New Year again.")
```

该程序的执行结果如图 2-44 所示。

```
Spring is green with flower and song,
Summer is hot and days are long,
Autumn is rich with fruit and grain,
Winter brings snow and the New Year again.
```

图 2-44　print()语句输出自动换行

可以通过 print()函数的选项 end 实现自定义结束参数的值，使用 end="-"语句将在每条 print()函数输出最后一个参数后，加上"-"，而不是换行。

```
strSea1 = "Spring"
strSea2 = "Summer"
strSea3 = "Autumn"
strSea4 = "Winter"
print(strSea1, end = " - ")
print(strSea2, end = " - ")
print(strSea3, end = " - ")
print(strSea4)
```

该程序的执行结果如图 2-45 所示。

```
===============
Spring - Summer - Autumn - Winter
>>>
```

图 2-45　自定义结束参数的值

6）输出特殊字符

可以在 print()中输出特殊字符，如换行符"\n"、制表位"\t"，来调整输出的格式。下面分别为输出换行符和制表位的示例。

```
strSea1 = "Spring"
strSea2 = "Summer"
strSea3 = "Autumn"
strSea4 = "Winter"
#输出换行符示例
print("Spring\nSummer\nAutumn\nWinter")
#输出制表位示例
print(strSea1,"\t",strSea2)
print(strSea3,"\t",strSea4)
```

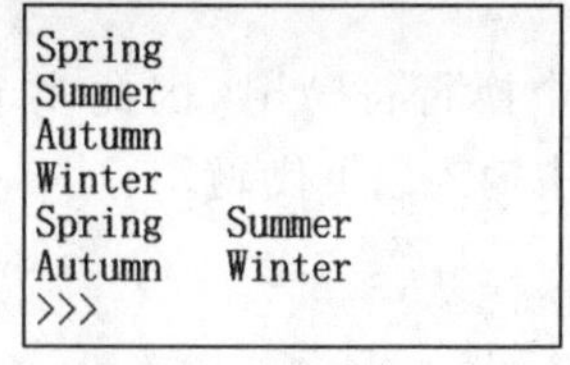

图 2-46　输出特殊字符

该程序的执行结果如图 2-46 所示。

例 2-3：编写一段代码，将英文诗以图 2-47 的形式显示出来。

分析：根据格式可以看出，英文诗的标题、作者、诗句均居中对齐输出，而 print()默认输出的对齐方式是左对齐，因此需要使用字符串的对齐方法来实现居中对齐。Python 中通过使用 ljust()、center()、rjust()函数来实现字符串的左对齐、居中、右对齐操作，其语法如下。

```
|***************The seasons****************|
|            (Robert Stevenson)            |
|                                          |
|                                          |
|   Spring is green with flower and song,  |
|     Summer is hot and days are long,     |
|   Autumn is rich with fruit and grain,   |
|Winter brings snow and the New Year again.|
```

图 2-47　英文诗的输出格式

```
string.ljust(length,character)
string.center(length,character)
string.rjust(length,character)
```

上述三个函数的含义是，它将使用指定的字符 character（默认为空格）作为填充字符使字符串在规定的长度范围（length）内左对齐/居中对齐/右对齐。其中，参数 length 是必需的，character 是可以省略的。

根据英文诗的四句诗句长度可知，“Winter brings snow and the New Year again.”是最长的一句，因此以该句的长度 42 作为每一行输出需要对齐的长度范围。该程序的代码实现如下。

```
print("|","The seasons".center(42,"*"),"|")
print("|","(Robert Stevenson)".center(42),"|")
print("|"," ".center(42),"|")
print("|","Spring is green with flower and song,".center(42),"|")
print("|","Summer is hot and days are long,".center(42),"|")
print("|","Autumn is rich with fruit and grain,".center(42),"|")
print("|","Winter brings snow and the New Year again.".center(42),"|")
```

该程序的执行结果如图 2-48 所示。

```
| ***************The seasons**************** |
|             (Robert Stevenson)             |
|                                            |
|    Spring is gay with flower and song,     |
|      Summer is hot and days are long,      |
|    Autumn is rich with fruit and grain,    |
| Winter brings snow and the New Year again. |
>>>
```

图 2-48　诗歌的输出结果

2. 输入

在 Python 中使用 input()函数进行数据输入,其形式为:

```
变量=input("提示信息")
```

用户输入的信息以字符串类型返回给左侧的变量。

以下这段代码提示输入姓名,并将姓名打印出来。

```
strName = input("Please enter your name:")
print("Hi!",strName)
```

该程序的执行结果如图 2-49 所示。

当执行上述 input 语句时,显示提示信息"Please enter your name:"(不带引号),且执行流程停止,等待用户输入。当用户输入了姓名之后,回车,则程序执行流程重启,继续执行 input 的下一个语句。图 2-50 显示了用户输入后的完整执行结果。

直接输入 input()函数,即没有提示信息参数,也可以等待用户输入。此时屏幕上会显示一个文本光标,没有任何提示信息,当有多个信息需要输入时,用户在没有读代码的情况下,不知道每次的输入对应的是什么信息。因此提示信息对用户非常重要,能够提高程序的"用户友好性"。

```
================
Please enter your name:
```

图 2-49　显示输入的提示信息

```
================
Please enter your name:xiaoming
Hi! xiaoming
>>> |
```

图 2-50　完整执行结果

通过 input 输入,能够得到字符串类型的数据,即使输入的是数字,input 返回的仍然是字符串类型。需要通过类型转换函数,将输入转换为数值类型。如使用 int()函数将输入字符串转换为整型数值,使用 float()函数将输入字符串转换为十进制浮点型数值。

例 2-4:编写一段代码,实现如下功能。

(1) 输入产品名,提示信息为"Enter product name: "。

(2) 输入产品单价,提示信息为"Enter product price:"。

(3) 输入产品数量,提示信息为"Enter product quantity: "。

(4) 输出产品名和产品总金额,其中,产品总金额=产品单价×产品数量,输出内容为"The total amount of the product is:"。

分析:输入的三个信息中,产品单价和数量应该作为数值类型处理,产品单价有可能是小数,因此需要用 float()函数进行转换,产品数量是整数,因此需要用 int()函数进行转换。代码如下。

```
strName = input("Enter product name:")
strPrice = float(input("Enter product price:"))
strQty = int(input("Enter product quantity:"))
print("The total amount of the product ",strName, "is: ",strPrice * strQty)
```

该程序的执行结果如图 2-51 所示。

```
Enter product name:mineral water
Enter product price:12.5
Enter product quantity:36
The total amount of the product  mineral water is:  450.0
>>> |
```

图 2-51 程序执行结果

注意,如果计算的产品总金额小数点后位数过多,需要考虑保留小数的处理。

2.2.3 习题与实践

1. 填空题

(1) Python 使用________函数把信息或最终结果显示到屏幕上。

(2) print()函数使用选项________实现自定义结束参数的值;在输出多个参数时,使用选项________指定分隔符。

(3) Python 中使用________函数进行数据输入。

(4) input 返回的是________数据类型。

2. 选择题

(1) 关于变量,以下说法正确的是(　　)。

A. "student name"可以作为变量名

B. strVal、strval、Strval、STRVAL 表示不同的变量名

C. 一个变量只能被赋予一次值

D. "1student"和"student1"都可以作为变量名

(2) 关于数据类型,以下说法正确的是(　　)。

A. 整型、字符串、字典、元组、列表都是 Python 的数据类型

B. 55=="55"的返回值是 True

C. 不能给字符串变量赋空字符串,即 strC=""是错误的

D. 元组中的值可以被读取,也可以被修改

(3) 关于 print()函数以下说法错误的是(　　)。

A. 可以输出空行

B. 可以输出换行、制表符等特殊符号

C. 必须以换行符结束

D. 可以输出多个参数

2.3　批量数据处理应用

经过科学实验和社会调查等过程获得的数据，通常是大量具有相同类型的数据集合。Python 中的批量数据类型有字符串、列表、元组、字典和集合。这类批量数据的使用和处理也具有统一方法，例如，通过下标、循环等对数据进行遍历操作。

2.3.1　字符串

字符串是字符类型的序列，在 Python 程序设计过程中，为了实现某些功能，经常需要对字符串进行批量处理。下面对 Python 中常用的字符串的应用进行介绍。

1. 拼接字符串

使用"＋"运算符可以拼接字符串，"＋"运算符可以连接两个字符串并产生一个新的字符串对象。字符串不允许直接与其他类型的数据拼接。有些类型的数据可以转换成字符串。

例 2-5：使用字符串拼接会话。

```
Str1='我今天敲了'
Num1=10000
Str2='行代码,我想换行……'
PG1='程序员甲：'+Str1+str(Num1)+Str2          #拼接出第一个字符串
PG2='程序员乙：敲一下回车键啊'                  #第二个字符串
print(PG1+'\n'+PG2)                            #以回车分隔,显示两个字符串
```

运行结果如图 2-52 所示。

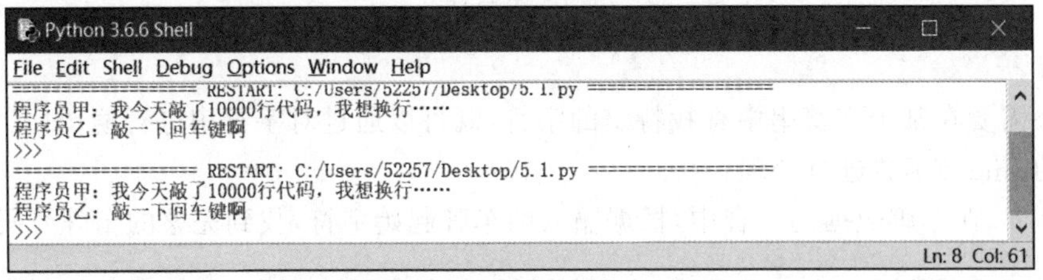

图 2-52　字符串拼接程序结果

2. 截取字符串

使用 string[start:end:step]可以通过切片方法截取字符串。在实际生活中，居民身份证、学号以及产品编码等都可以使用字符串数据表示，其中的编码字符蕴含很多信息。例如，身份证中就蕴含出生年月日、性别等信息。从字符串中将蕴含的信息识别处理，往往使用字符串截取。

例 2-6：红星商场的商品编码由不同含义的 10 位字符组成，输入一个符合标准的 10 位

商品编码，通过程序自动识别出商品产地和出厂日期。

其中，商品编码各个位置字符的含义如下。

第 1 位：值为 0 表示公司自产，值为 1 表示国产，值为 2 表示进口。

第 2 位：商品的类别。

第 3～8 位：商品的出厂日期。

第 9～10 位：表示商品的编号。

在 Python 编程环境中编写代码如下。

```
while True:                          #持续判断，直到运行 break 语句
    mystr=input("请输入一个 10 位产品编码(按 quit 退出)")        #获取用户输入
    if(mystr=="quit"):               #判断是否退出
        break
    else:
        if mystr[0]=='0':            #根据第一位判断产地
            print("公司自产")
        elif mystr[0]=='1':
            print("国产")
        else:
            print("国外进口")
    pyear=mystr[2:4]+"年"             #第三、四位为年份
    pmonth=mystr[4:6]+"月"            #第五、六位为月份
    pday=mystr[6:8]+"日"              #第七、八位为日期
    print("商品的生产日期是"+pyear+pmonth+pday)
```

程序的运行结果如图 2-53 所示。

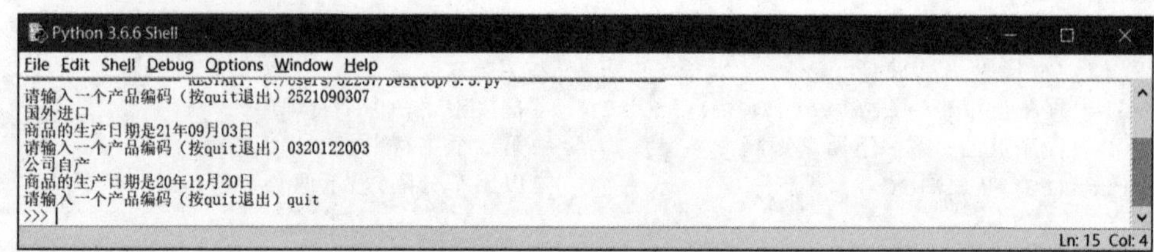

图 2-53 从商品编码查看商品信息

3. 字符串检索

如果需要在某个字符串中查找特定的字符，既可以通过对字符串进行遍历，又可以通过字符串的 find()函数进行处理。

例 2-7：在车牌数据的集合中，根据输入的车牌起始字符，找到完整的车牌号码。

```
carNoSet="沪 A39201;京 C39;津 AT39192;皖 A6C36;渝 79157;冀 2044J;晋 ZE875;蒙 201075;
辽 0S050;吉 A9K979;黑 E0H009;苏 F9K979;浙 J30756;"
str1=input('请输入车牌第一个字符(如：沪、京、津、皖、渝、冀、晋、蒙、辽、吉、黑、苏、浙)：')
#获取用户输入
i=carNoSet.find(str1)            #在车票数据中查找用户输入的字符，并返回所在位置
if (i<0):                        #如果没有找到该字符
    print('未找到')
else:
    j=carNoSet[i:].find(";")     #自该字符位置开始，找第一个";"分号
    carNo=carNoSet[i:i+j]        #读取字符位置到最近的分号之间的字符
    print(carNo)
```

运行结果如图 2-54 所示。

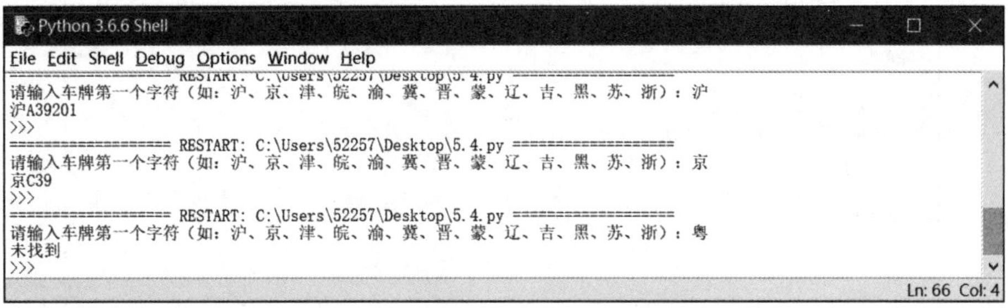

```
Python 3.6.6 Shell
File Edit Shell Debug Options Window Help
================== RESTART: C:\Users\52257\Desktop\5.4.py ==================
请输入车牌第一个字符（如：沪、京、津、皖、渝、冀、晋、蒙、辽、吉、黑、苏、浙）：沪
沪A39201
>>>
================== RESTART: C:\Users\52257\Desktop\5.4.py ==================
请输入车牌第一个字符（如：沪、京、津、皖、渝、冀、晋、蒙、辽、吉、黑、苏、浙）：京
京C39
>>>
================== RESTART: C:\Users\52257\Desktop\5.4.py ==================
请输入车牌第一个字符（如：沪、京、津、皖、渝、冀、晋、蒙、辽、吉、黑、苏、浙）：粤
未找到
>>>
Ln: 66 Col: 4
```

图 2-54　根据首字符查找车牌号码

2.3.2　列表

Python 中的列表和歌曲列表类似，也是由一系列按特定顺序排列的元素组成的。可以将整数、实数、字符串甚至列表等任何类型的内容放入到列表中，并且在同一个列表中，元素的类型可以不同。由此可见，Python 中的列表是非常灵活的。

1. 遍历访问一维列表

在实际应用中，经常需要对列表中的数据项进行遍历（也称为迭代）。对一维列表进行访问，可以使用循环，如 for 循环语句。

Python 中常用的列表迭代方法有三种：for 循环遍历、按索引序列遍历和按下标遍历。

其中，按索引序列遍历一般使用 enumerate()函数，将可遍历的数据对象（如列表、元组或字符串）组合为一个索引序列，同时列出数据和数据下标，再结合 for 循环进行遍历。

例 2-8：列表的遍历。

```
lis=['休斯敦火箭','金州勇士','波特兰开拓者','犹他爵士','圣安东尼奥马刺']

print('-----(1)直接遍历-------')
for item in lis:
    print(item)

print('-----(2)按索引遍历-------')
for i in enumerate(lis):
    print(i)

#对于列表类型,还有一种通过下标遍历的方式,如使用 range()函数
print('-----(3)按下标遍历-------')
for i in range(len(lis)):
        print(lis[i])
```

运行结果如图 2-55 所示。

2. 遍历访问二维列表

在 Python 中，遍历访问列表中的所有元素是常用的一种操作，在遍历过程中，可以完成查询、处理等功能。

一维列表可以存储一维、线性数据，二维列表可以存储二维、表格的数据。可以看成二维列表就是在列表中使用多个列表，就是理解成嵌套列表，也就是把里面的列表作为元素来

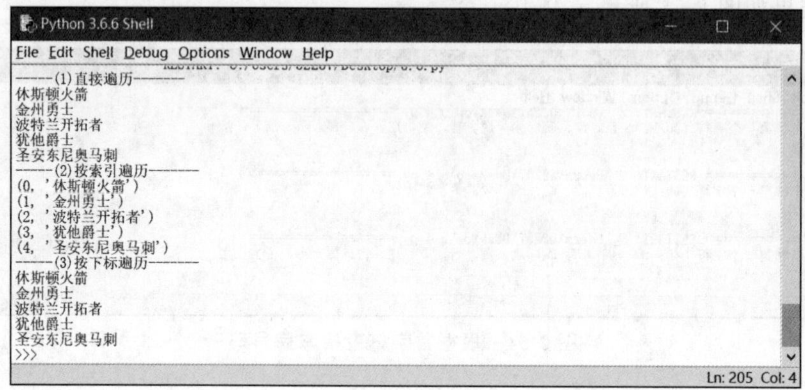

图 2-55 一维列表遍历的三种方法

看待。由于列表元素还可以是列表,在访问二维列表中的元素时,需要指定第一和第二列表的索引,这样获取的值才是索引所对应的元素值。

二维列表的存取需要使用行和列两个下标。

例 2-9:二维列表的访问。

```
timetable=[
    ['语文','数学','英语','地理','政治','生物'],
    ['数学','语文','英语','体育','信息','音乐'],
    ['数学','体育','语文','音乐','英语','政治'],
    ['语文','体育','美术','数学','地理','英语'],
    ['数学','信息','生物','作文','英语','体育']
]
chineseI=['一','二','三','四','五'] #将英文数字转换成中文

i = int(input("星期几(请输入数字 1~ 5):"))
j = int(input("第几节课(请输入数字 1~ 6):"))
print('星期',chineseI[i-1],'第',j,'节课是: ',timetable[i-1][j-1])
```

运行时,根据提示输入 5 和 6,结果如图 2-56 所示。

```
星期几(请输入数字 1~5):5
第几节课(请输入数字 1~6 ):6
星期 五 第 6 节课是: 体育
```

图 2-56 二维列表访问运行结果

如果需要把课程表打印出来,可以使用遍历的方式进行。

例 2-10:二维列表的遍历处理。

```
timetable=[
    ['语文','数学','英语','地理','政治','生物'],
    ['数学','语文','英语','体育','信息','音乐'],
    ['数学','体育','语文','音乐','英语','政治'],
    ['语文','体育','美术','数学','地理','英语'],
    ['数学','信息','生物','作文','英语','体育']
]
```

```
chineseI=['一','二','三','四','五'] #将英文数字转换成中文
print('*'*10,'红星中学七年级二班课程表','*'*10)
print('--星期--|--1--|--2--|--3--|--4--|--5--|--6--|')
for i in range(0,5):
    print('星期',chineseI[i],end=' |')
    for j in range(0,6):
        print(timetable[i][j],end=' |')
    print()
```

运行结果如图 2-57 所示。

```
********** 红星中学七年级二班课程表 **********
--星期--|--1--|--2--|--3--|--4--|--5--|--6--|
星期 一 |语文 |数学 |英语 |地理 |政治 |生物 |
星期 二 |数学 |语文 |英语 |体育 |信息 |音乐 |
星期 三 |数学 |体育 |语文 |音乐 |英语 |政治 |
星期 四 |语文 |体育 |美术 |数学 |地理 |英语 |
星期 五 |数学 |信息 |生物 |作文 |英语 |体育 |
```

图 2-57　二维列表遍历运行结果

2.3.3　元组

元组写在小括号里，元素之间用逗号分隔，元素可以具有不同的类型。元组(Tuple)与列表类似，但元组的元素不能修改。

元组的切片方式与字符串和列表都类似，下标从 0 开始，末尾的位置从－1 开始。

例 2-11：元组的访问。

```
tuple = ('SpiderMan',2017 ,33.4, 'Homecoming', 14)
tinytuple = (16, 'Marvel')
print (tuple)                    #输出完整元组
print (tuple[0])                 #输出元组的第一个元素
print (tuple[3:4])               #输出从第四个元素开始到第五个元素
print (tuple + tinytuple)        #连接元组
```

运行结果如图 2-58 所示。

```
('SpiderMan', 2017, 33.4, 'Homecoming', 14)
SpiderMan
('Homecoming',)
('SpiderMan', 2017, 33.4, 'Homecoming', 14, 16, 'Marvel')
```

图 2-58　元组访问运行结果

虽然元组的元素不可改变，但如果元组内部的数据项是可变的类型，则该数据项可以修改。

例 2-12：修改元组中的 List 类型数据项。

```
tuple = ([16, 'Marvel'] , 'SpiderMan',2017 ,33.4, 'Homecoming', 14,)
print(tuple[0])
tuple[0][0]='Marvel'
tuple[0][1]='16'
print (tuple)
```

运行结果如图 2-59 所示。

```
[16, 'Marvel']
(['Marvel', '16'], 'SpiderMan', 2017, 33.4, 'Homecoming', 14)
```

图 2-59 修改元组中的 List 类型数据项运行结果

二维元组的内部可以是元组,也可以是列表、字符串或其组合。元组的访问也与列表、字符串类似,不过元组和列表、字符串对比,也存在区别。

(1) 对于大量数据,元组比列表操作速度快,在遍历操作的时候,使用元组会快很多。

(2) 元组不可修改,因此能够对不可修改的数据进行保护,使数据更加安全。

(3) 元组可以用作字典中的 key,但列表不行。例如,定义一个"一值多键"的字典,可以用 dict1={('Mon','Thu'):'语文',('Tue','Wed','Fri'):'数学'}。

2.3.4 字典

字典是一种可变容器模型,且可存储任意类型对象。字典对象的常用方法如表 2-4 所示。

表 2-4 字典对象的常用方法

方 法	功能描述
dict.keys()	返回字典中所有的键组成的序列,注意类型为 dict_keys
dict.values()	返回字典的所有的值组成的序列,注意类型为 dict_values
dict.items()	将字典中所有的键和对应值组成元组,返回这些元组构成的序列,注意类型为 dict_items
dict.clear()	删除字典内容
dict.update(x)	将 x(字典)中的键增加到原字典中
dict.get(key,[y])	返回键 key 对应的值。未找到 key 时,若存在 y,则返回 y,不存在 y 的情况下返回 None

1. 列表和元组在字典中的应用

例 2-13:列表可以作为字典的 value 值。

```
dict = {'Name': ['Mary','Tom','Philp'], 'Age': [7,8,9], 'Class': ['1st','2nd',
'3rd']};
print(dict);
print("Name: ", dict['Name'])
dict['Age']=[8,9,10]
print("Age: ", dict['Age'])
```

运行结果如图 2-60 所示。

```
{'Name': ['Mary', 'Tom', 'Philp'], 'Age': [7, 8, 9], 'Class': ['1st', '2nd', '3rd']}
Name:  ['Mary', 'Tom', 'Philp']
Age:  [8, 9, 10]
```

图 2-60 列表可以作为字典的 value 值的运行结果

例 2-14:元组可以作为字典的 key 值。

```
dict1={('Mon','Thu'):'语文',('Tue','Wed','Fri'):'数学'}
dict1['Mon','Thu']
```

显示结果为“语文”。

2. 用 update()函数修改字典

可以向字典添加、修改或删除键/值对。

例 2-15：修改字典。

```
dict = {'Name': 'Zara', 'Class': 'First'};
#添加 add()
dict['Gender']="Female"
print(dict)
#修改 update()
dict.update({"No":"001"})
print(dict)
#也可以使用 update()方法添加/修改多个数据
dict.update({'Gender':"F","Id":1})
print(dict)
```

运行结果如图 2-61 所示。

```
{'Name': 'Zara', 'Class': 'First', 'Gender': 'Female'}
{'Name': 'Zara', 'Class': 'First', 'Gender': 'Female', 'No': '001'}
{'Name': 'Zara', 'Class': 'First', 'Gender': 'F', 'No': '001', 'Id': 1}
```

图 2-61　修改字典运行结果

3. 删除字典元素

删除一个字典键值对用 del 命令，清空字典用 clear 命令。

例 2-16：删除字典的指定元素和删除字典内容。

```
del dict['Gender']
print(dict)
dict.clear()
print(dict)
```

运行结果如图 2-62 所示。

```
{'Name': 'Zara', 'Class': 'First', 'No': '001', 'Id': 1}
{}
```

图 2-62　删除字典的指定元素和删除字典内容的运行结果

4. 字典数据的遍历

例 2-17：遍历字典中的数据。

```
dictP = {'朱自清':['《春》','《匆匆》','《绿》','《背影》','《荷塘月色》'],
         '老舍':['《济南的冬天》','《茶馆》','《骆驼祥子》'],
         "李白":['《静夜思》','《赠汪伦》','《望天门山》','《蜀道难》']
             }
print ("请输入作家姓名: ")
```

```
key = input()                          #获取用户输入
if key in dictP.keys():                #如果找到对应的键(key)
    for item in dictP[key]:            #读取该键对应的值(value)
        print(item)
else:
    print ("没有找到要查询的作家!")
```

运行后,输入"老舍"的执行结果如图 2-63 所示。

```
请输入作家姓名:
老舍
《济南的冬天》
《茶馆》
《骆驼祥子》
```

图 2-63 输入"老舍"后的执行结果

输入"杜甫"的执行结果如图 2-64 所示。

```
请输入作家姓名:
杜甫
没有找到要查询的作家!
```

图 2-64 输入"杜甫"后的执行结果

keys()、values()、items()函数分别返回字典的键、值和键值对组成的序列。但其返回的类型分别为 dict_keys、dict_values 和 dict_items,不是常见类型,在使用时一般转换为列表或元组类型进行操作。这些类型也是可迭代对象,所以还可以使用 for 语句对其进行迭代索引。

例 2-18:访问字典的键、值和键值数据。

```
dict1={('Mon','Thu'):'语文',('Tue','Wed','Fri'):'数学'}
print('dict1.keys:',dict1.keys())
print('dict1.items:',dict1.items())
print('dict1.values:',dict1.values())
for key in dict1.keys():
    print('key:',key)
    print('value:',dict1[key])
```

运行结果如图 2-65 所示。

```
dict1.keys: dict_keys([('Mon', 'Thu'), ('Tue', 'Wed', 'Fri')])
dict1.items: dict_items([(('Mon', 'Thu'), '语文'), (('Tue', 'Wed', 'Fri'), '数学')])
dict1.values: dict_values(['语文', '数学'])
key: ('Mon', 'Thu')
value: 语文
key: ('Tue', 'Wed', 'Fri')
value: 数学
```

图 2-65 访问字典的键、值和键值数据

2.3.5 集合

1. Set 集合的遍历

集合中的元素也可以使用遍历进行访问,可以使用直接遍历,也可以使用 enumerate 索引进行遍历。不过,集合类型不支持 range()方式的遍历。

例 2-19：有一个集合 anml，其内容为{'紫貂','松貂','青鼬','狼獾'}，对 anml 集合进行遍历。

方法一：

```
anml ={'紫貂','松貂','青鼬','狼獾'}
for item in anml:
    print(item)
```

方法二：

```
anml ={'紫貂','松貂','青鼬','狼獾'}
for item in enumerate(anml):
    print(item))
```

2. Python 集合操作

Python 集合类型与数学中的集合操作类似，支持集合的交集、并集、差集、包含等数学操作。常见数学集合运算符与 Python 集合操作符的对应如表 2-5 所示。

表 2-5　数学集合运算符与 Python 集合操作符对比

集合操作	数学符号	Python 操作符
差集	$-$	-
交集	$\cap$	&
并集	$\cup$	|
不等于	$\neq$	!=
等于	$=$	==
包含于	$\in$	in
不包含于	$\notin$	not in

例 2-20：集合的交集、并集(合集)、差集。

非洲有一种凶猛的小型鼬科动物，名为狼獾，也被称为貂熊，如图 2-66 所示，通过集合操作对这种动物进行了解。

图 2-66　狼獾

(图片来源：www.veer.com，授权编号：202008222005163104)

```
#分别构造獾和貂两个集合
Huan={'猪獾','蜜獾','狼獾',}
Diao={'紫貂','松貂','美洲水鼬','狼獾'}
#交集
DiaoXiong=Huan&Diao
print('貂熊是：',DiaoXiong)
#并集
Youke=Huan|Diao
print('鼬科的是：',Youke)
#差集
DiaoT=Diao-Huan
print('除去獾的貂类：',DiaoT)
```

运行结果如图 2-67 所示。

```
貂熊是： {'狼獾'}
鼬科的是： {'紫貂', '猪獾', '美洲水鼬', '松貂', '狼獾', '蜜獾'}
除去獾的貂类： {'紫貂', '松貂', '美洲水鼬'}
```

图 2-67 集合操作运行结果

2.3.6 习题与实践

1. 填空题

(1) Python 中的批量数据类型有字符串、列表、元组、字典和________。

(2) 切片方法截取字符串时，第一个字符的索引值默认是 ________。

(3) 同一个列表中，元素的类型(可以/不可以) ________不同。

(4) 元组的元素(能够/不能)________修改。

(5) 字典的每个键/值对之间用________符号分隔。

2. 选择题

(1) 下列说法正确的是(　　)。

A. 字符串能直接与整数拼接

B. 字符串能直接与浮点数拼接

C. 字符串能直接与逻辑值拼接

D. 字符串不能直接与其他类型的数据拼接

(2) 在实际应用中，经常需要对列表中的数据项进行逐项访问，此操作也称为(　　)。

A. 迭代　　　B. 索引　　　C. 切片　　　D. 以上都不对

第3章

数据处理编程

本章概要

根据代码的功能，可以将代码划分成不同函数和库形式的代码块，即对代码进行模块化管理。本章围绕批量数据类型，主要介绍如何利用程序设计方法，将数据与计算统一在一起，讲解同样的问题和数据，可以采用不同的程序结构和算法实现；同时学习模块化编程中必须掌握的方法和技巧。

学习目标

通过本章的学习，要求达到以下目标：

(1) 掌握并会运用分支结构解决问题。

(2) 掌握并会运用循环结构解决问题。

(3) 掌握函数的定义和调用。

(4) 掌握文件的读写操作。

(5) 掌握数据预处理和数据标准化操作。

3.1 程序的基本结构

3.1.1 控制流

算法的控制结构章节介绍了算法的三种基本结构：顺序结构、选择结构和循环结构。在程序中，根据表达式求值的结构或判断条件，程序可以决定跳过某些指令、重复某些指令或者从几条指令中选择一条执行。算法的程序实现，实际上是事务处理的流程在计算机中的表现形式，很少有程序从第一条指令开始，简单地顺序执行每一条指令直至最后。“控制流语句”决定程序的处理路径。

图3-1是判断是否可以进入图书馆的流程图。根据判断框的条件和箭头指示的路径，能够了解从开始到结束的所有步骤。判断框中的条件相当于程序中的“控制流语句”，它将决定下一步要走的路径。条件框中，条件的判断结果用“是”和“否”表示。在Python程序中实现“控制流语句”，需要先学习布尔值、比较运算符和逻辑运算符。

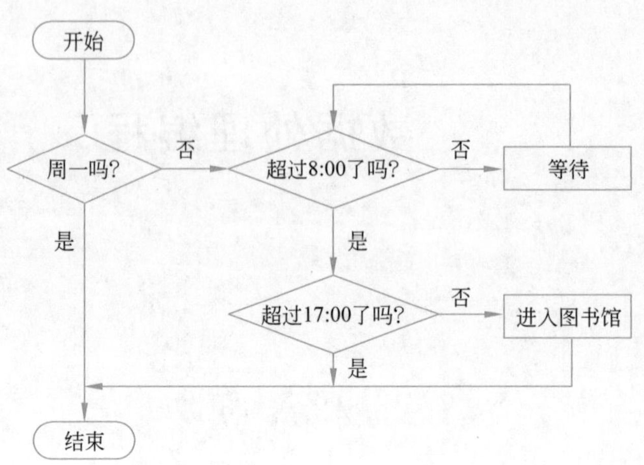

图 3-1 一张流程图,告诉你是否可以进入图书馆

1. 布尔值

布尔数据类型只有两种值：True 和 False。在 Python 中,必须以大写字母 T 和 F 开头,后面的字母是小写。布尔值可以用在表达式中,也可以保存在变量中,使用时注意不需要加引号。此外,True 或 False 不能作为变量名。图 3-2 显示了布尔值的一些正确和错误的使用方法。

```
>>> blnVar1 = True
>>> blnVar2 = False
>>> blnVar1
True
>>> blnVar2
False
>>> blnVar3 = true
Traceback (most recent call last):
  File "<pyshell#4>", line 1, in <module>
    blnVar3 = true
NameError: name 'true' is not defined
>>> blnVar4 = FALSE
Traceback (most recent call last):
  File "<pyshell#5>", line 1, in <module>
    blnVar4 = FALSE
NameError: name 'FALSE' is not defined
>>> True = 23*18
SyntaxError: cannot assign to True
```

图 3-2 布尔值的用法示例

2. 比较运算符

比较运算符又称为关系运算符,用来比较两个值,其结果是一个布尔值。用比较运算符可以构成简单的布尔表达式。表 3-1 列出了 Python 中的比较运算符。

表 3-1 比较运算符

比较运算符	说明	比较运算符	说明
==	相等	>	大于
!=	不相等	<=	小于或等于
<	小于	>=	大于或等于

通过对比较运算符两边的数值进行比较,可以得到一个布尔类型的值。

==和!=比较运算符用于任何数据类型的比较,判断运算符两边的数值是否相等。需要注意的是,整型或浮点型的值与字符串类型是不相等的。例如,在 Python 中 42 和'42'是不同的,所以关系运算 42=='42'的结果是 False。图 3-3 是==和!=的运算示例。

```
>>> "Summer" == "Summer"
True
>>> 12300 == 12300
True
>>> 78.34 == 78.34
True
>>> 2.4 == 2.40
True
>>> True == True
True
>>> "Summer" == "summer"
False
>>> 42 == "42"
False
>>> "Summer" != "summer"
True
>>> 42 != '42'
True
>>> False != True
True
```

图 3-3 ==和!=示例

在==和!=两边可以是其他表达式或变量,图 3-4 显示了数值和算术表达式的比较、变量和字符串的比较。

>、<、>=和<=运算符通常用于整型和浮点型数值的比较,也可以比较字符串、其他表达式或变量。图 3-5 为比较运算符的使用示例。

```
>>> 30 == 10+20
True
>>> strName = "xiaoming"
>>> strName == "xiaoming"
True
```

图 3-4 表达式或变量参与关系运算

```
>>> 20 < 21
True
>>> 100 > 99
True
>>> 20 <= 20
True
>>> 100 >= 100
True
>>> 'HelloKetty' < 'HelloWorld'
True
>>> 'a' > 'Z'
True
>>> x=10
>>> y=5
>>> x > 2 * y + 4
False
>>> 30 <= 5 * 7
True
```

图 3-5 >、<、>=和<=运算符示例

3. 逻辑运算符

Python 中有三个逻辑运算符: and、or 和 not。对布尔值进行比较,构成复合布尔表达式,形式如下。

布尔值/布尔表达式 逻辑运算符 布尔值/布尔表达式

在逻辑运算符两边可以直接是布尔值,也可以是简单的布尔表达式。

(1) and 运算符：二元运算符。and 运算符左右两边的布尔值/布尔表达式的值均为 True 时,整个复合布尔表达式的值为 True;and 两边的布尔值/布尔表达式有一方为 False,则复合表达式的结果就为 False。其运算规则如表 3-2 所示。

表 3-2 and 运算规则

布尔值/布尔表达式 1	布尔值/布尔表达式 2	and 结果
True	True	True
True	False	False
False	True	False
False	False	False

例如,图 3-6 的代码表示当 strWeekday 不是"Monday"、并且时间大于或等于 8 时,返回值为 True。

```
>>> strWeekday = "Tuesday"
>>> intTime = 10
>>> strWeekday != "Monday" and intTime >= 8
True
```

图 3-6 and 使用示例

可以用多个 and 构造更加复杂的复合布尔表达式。图 3-7 显示了满足进入图书馆的条件,即当 strWeekday 不是"Monday",并且时间大于或等于 8 且小于或等于 17 时,返回值为 True,表示可以进入图书馆。

```
>>> strWeekday = "Tuesday"
>>> intTime = 10
>>> strWeekday != "Monday" and intTime >= 8 and intTime <= 17
True
```

图 3-7 多个 and 构成复杂的复合布尔表达式示例

(2) or 运算符：二元运算符。or 运算符左右两边的布尔值/布尔表达式的值均为 False 时,整个复合布尔表达式的值为 False;or 两边的布尔值/布尔表达式有一方为 True,则复合表达式的结果就为 True。其运算规则如表 3-3 所示。

表 3-3 or 运算规则

布尔值/布尔表达式 1	布尔值/布尔表达式 2	or 结果
True	True	True
True	False	True
False	True	True
False	False	False

例如,图 3-8 的代码表示当 strWeekday＝"Monday"、intTime＝7 时,各条件运算下的返回值。同样,可以使用多个 or 运算符构造更加复杂的复合布尔表达式。

（3）not 运算符：一元运算符。仅作用于一个布尔值/布尔表达式。其含义为取反，规则如表 3-4 所示。

表 3-4　not 运算规则

布尔值/布尔表达式	not 结果
True	False
False	True

图 3-9 为 not 运算的示例，同样，可以由多个 not 运算符构造复杂的复合布尔表达式。

```
>>> strWeekday = "Monday"
>>> intTime = 7
>>> strWeekday == "Monday" or intTime < 8
True
>>> strWeekday == "Monday" or intTime >= 8
True
>>> strWeekday != "Monday" or intTime < 8
True
>>> strWeekday != "Monday" or intTime >= 8
False
```

图 3-8　or 运算符示例

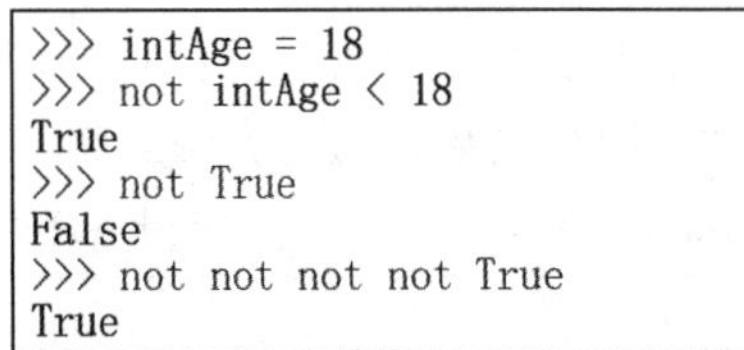

```
>>> intAge = 18
>>> not intAge < 18
True
>>> not True
False
>>> not not not not True
True
```

图 3-9　not 运算符示例

4. 多种运算符混合

在很多情况下，一个表达式中可能包含不同类型的运算符。Python 规定了不同类型运算符的优先顺序，表 3-5 描述了优先顺序从高到低的排序。

表 3-5　算术、关系和逻辑运算符的优先顺序

运算符类型	符号
算术运算符	**
	*，/
	+，−
关系运算符	＜,＜＝,＞,＞＝,＝＝,!＝
逻辑运算符	not
	and
	or

例 3-1：根据表 3-6 中变量 a,b,c 的值，填写复合布尔表达式的计算结果。

表 3-6　变量 a,b,c 的取值及复合布尔表达式

a	b	c	a>12 or c>b and c>=2	not(a>2 and b>a or c>1)
10	−6	2		
−9	3	−7		

分析：要计算复合布尔表达式的结果，在明确各运算符的优先顺序之后，可以借助图示分解法。

以第一行参数值为例，a＝10，b＝−6，c＝2，其执行顺序和分步执行结果如图 3-10 所示。

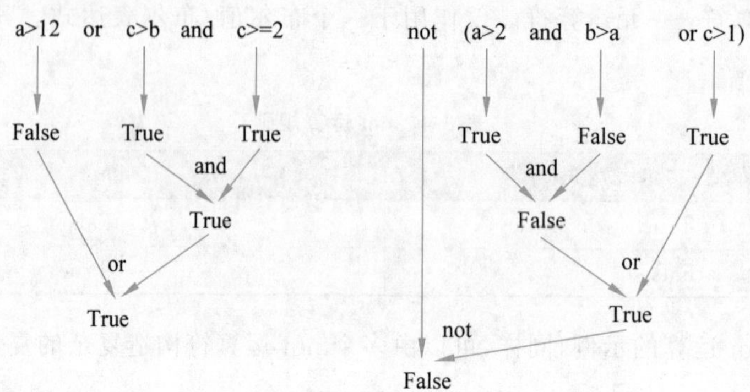

图 3-10 两个复合布尔表达式的执行过程

根据两个图中对运算执行顺序的分解，可以得到由第一行参数决定的两个复合布尔表达式的计算结果，分别为 True 和 False。同理，根据第二行参数计算得到的两个表达式结果为 False 和 True。因此，变量 a，b，c 的取值及复合布尔表达式结果如表 3-7 所示。

表 3-7 变量 a，b，c 的取值及复合布尔表达式结果

a	b	c	a>12 or c>b and c>=2	not(a>2 and b>a or c>1)
10	−6	2	True	False
−9	3	−7	False	True

3.1.2 程序运算选择

在程序实现中，最常见的控制流语句结构是选择结构，包括单分支选择、双分支选择和多分支选择。

1. if 语句——单分支选择结构

if 语句是最简单的选择结构，其执行流程图如图 3-11 所示。根据 if 语句的执行流程，如果代表条件的布尔表达式值为 True，则执行代码块的程序，否则跳过代码块。

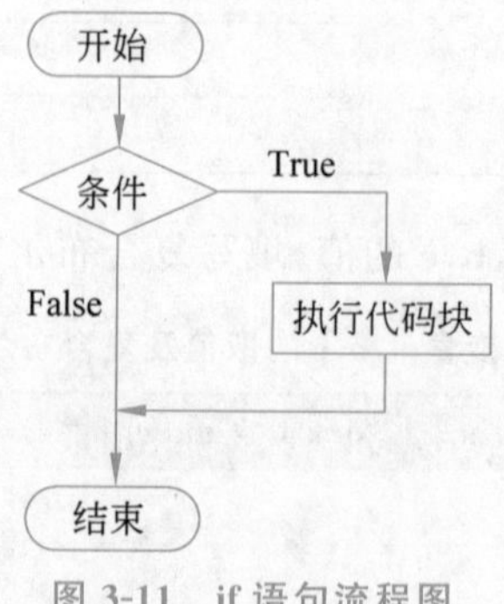

图 3-11 if 语句流程图

在 Python 中，if 语句的语法形式为：

```
if 布尔表达式:
    代码块
```

注意：Python 是第一批强制缩进的编程语言之一。Python 通过缩进表示哪几条语句是一个语句分组中的一部分。缩进组被称为"语句块"或"代码块"。在其他语言中，缩进是一种良好的编写方式，然而在 Python 中，缩进是强制性的，如果错误使用缩进或漏用缩进，都会造成程序语义上的错误。代码块语法有以下五个简单的规则需要遵守。

(1) 代码块前一行的语句总是以冒号(:)字符结束。

(2) 从代码块第一行开始，下面的所有代码行必须缩进。

(3) 代码块可以包含其他代码块。

(4) 缩进增加时，新的代码块开始。

(5) 缩进减少为零，或与上一层的代码块对齐，则代码块结束。

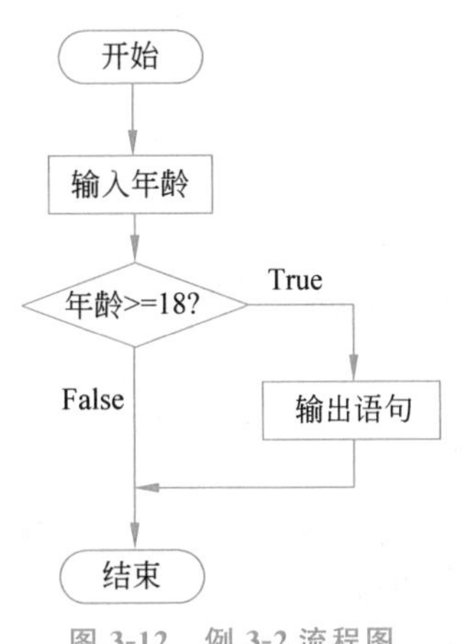

图 3-12　例 3-2 流程图

例 3-2：编写程序，实现功能如下。

(1) 接收输入的年龄。

(2) 当年龄大于或等于 18 时，输出"Congratulations! You can apply for a driver's license."。

分析：年龄是否满足 18 岁是判断条件，当大于或等于 18 岁时，执行输出的操作，处理流程图如图 3-12 所示。

根据流程图，Python 程序实现如下。

```
intAge = int(input("Enter your age:"))
if intAge >= 18:
        print("Congratulations! You can apply for a driver's license.")
```

该程序的执行结果如图 3-13 所示：当输入的年龄为 18 岁时，输出字符串。

```
Enter your age:18
Congratulations! You can apply for a driver's license.
```

图 3-13　条件为真时，输出字符串

当输入年龄为 16 岁时，不会输出字符串，如图 3-14 所示。

```
Enter your age:16
>>>
```

图 3-14　条件为假时，不输出字符串

2. if-else 语句——双分支选择结构

在 Python 中，if-else 语句的语法形式为：

```
if 布尔表达式:
    代码块 1
else:
    代码块 2
```

与 if 语句相比，if-else 语句结构有两条路径(True 和 False)，每条路径上都可以执行代码块，其执行流程图如图 3-15 所示。根据 if-else 语句的执行流程，如果代表条件的布尔表达式值为 True，则执行代码块 1 的程序，否则执行代码块 2 的程序。

例 3-3：编写程序，实现功能如下。

(1) 接收输入的整数。

(2) 判断该整数能够被 2 整除，则输出“偶数”；否则，输出“奇数”。

分析：输入的整数是否能被 2 整除是判断条件，处理流程图如图 3-16 所示。

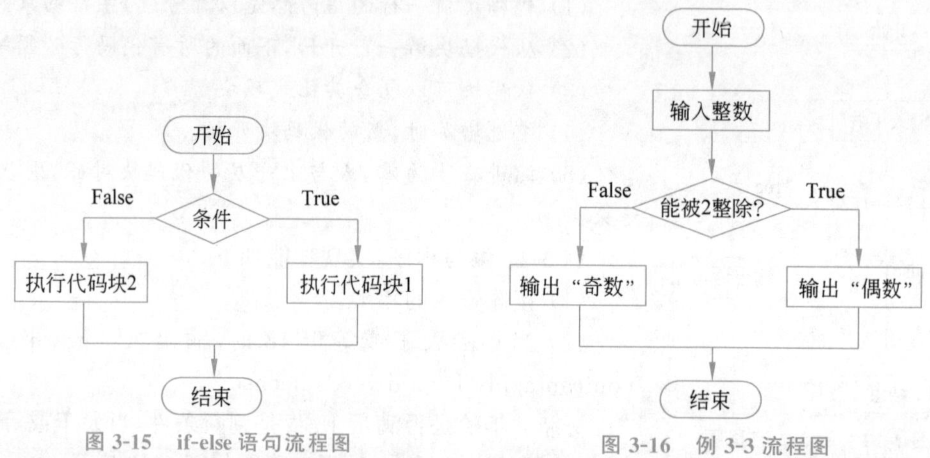

图 3-15　if-else 语句流程图　　图 3-16　例 3-3 流程图

根据流程图，Python 程序实现如下。

```
intNum = int(input("请输入一个整数:"))
if intNum % 2 == 0:
    print(intNum,"是一个偶数")
else:
    print(intNum,"是一个奇数")
```

该程序的执行结果如图 3-17 所示：分别输入 37 和 6802 时，执行不同的代码块，输出不同的信息。

根据条件判断的结果，每个分支上可以执行一个代码块。

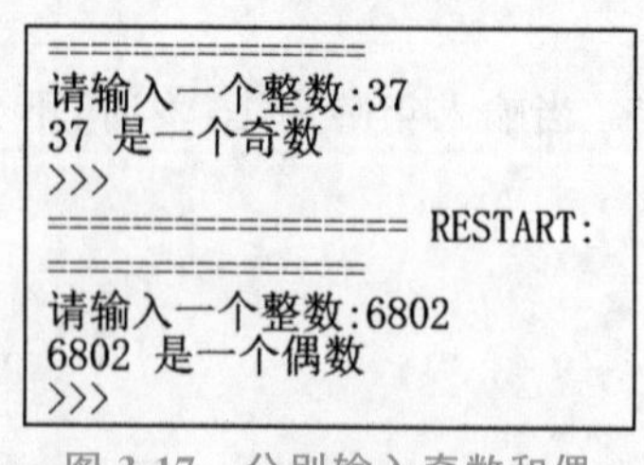

```
================
请输入一个整数:37
37 是一个奇数
>>>
================== RESTART:
================
请输入一个整数:6802
6802 是一个偶数
>>>
```

图 3-17　分别输入奇数和偶数时的执行结果

例 3-4：编写程序，根据输入的转换标志，实现摄氏度与华氏度的转换。

(1) 输入温度转换标志位，该标志只能为“0”或“1”：“0”表示将摄氏度转换为华氏度；“1”表示将华氏度转换为摄氏度。如果输入的标志位不是“0”或“1”，则提示错误信息，处理结束。

(2) 输入温度值。

(3) 如果输入的温度转换标志位为“0”，则将(2)输入的温度值转换为华氏度；否则，将(2)输入的温度值转换为摄氏度。

注：摄氏温度(C)和华氏温度(F)之间的换算方法为：F=9/5C+32，或 C=5/9(F−32)。

分析：该功能包括两个判断条件。首先，判断输入的温度转换标志位是否为“0”或“1”，这个判断可以通过 if 语句实现；其次，判断输入的温度转换标志位是否为“0”，若是“0”，则执行摄氏度转华氏度的处理；否则，执行华氏度转摄氏度的处理。

根据分析，Python 程序实现如下。

```
strFlg = input("请输入转换标志位：")
if strFlg != "0" and strFlg != "1":
    print("输入的标志位不正确!")
else:
    intTemp = int(input("请输入温度："))
    if strFlg == "0":
        fltF = round(9 / 5 * intTemp + 32,2)
        print("摄氏度",intTemp,"转换为华氏度为：",fltF)
    else:
        fltC = round(5 / 9 * (intTemp - 32),2)
        print("华氏度",intTemp,"转换为摄氏度为：",fltC)
```

该程序的执行结果如下：当输入“0”或“1”以外的标志位时，提示输入错误，如图 3-18 所示。

```
================
请输入转换标志位：3
输入的标志位不正确!
>>>
```

图 3-18　输入“0”或“1”以外的标志位时提示输入错误

当输入标志位为“0”，再输入温度，进行摄氏度转换为华氏度的处理，最后输出转换后的华氏度。执行示例如图 3-19 所示。

```
================
请输入转换标志位：0
请输入温度：42
摄氏度 42 转换为华氏度为： 107.6
```

图 3-19　输入标志位为“0”，执行摄氏度到华氏度转换的代码块

当输入标志位为“1”，再输入温度，进行华氏度转换为摄氏度的处理，最后输出转换后的摄氏度。执行示例如图 3-20 所示。

```
================
请输入转换标志位：1
请输入温度：135
华氏度 135 转换为摄氏度为： 57.22
```

图 3-20　输入标志位为“1”，执行华氏度到摄氏度转换的代码块

3. if-elif 语句——多分支选择结构

在 Python 中，if-elif 语句的语法形式为：

```
if 布尔表达式 1:
    代码块 1
elif 布尔表达式 2:
    代码块 2
elif 布尔表达式 3:
    代码块 3
```

```
…
elif 布尔表达式 n:
    代码块 n
else:
    代码块 n+1
```

if-else 满足了有两条路径时的处理需求，但有时候程序需要处理有更多可能性的情况，每一种可能的情况，都有相对应的代码块需要执行，elif 即满足这种情况。if-elif 语句结构有多条路径，每一种可能性由 elif 后面的条件语句来判断，当满足该条件时，这条路径上的代码块就能够被执行。其执行流程图如图 3-21 所示，根据 if-elif 语句的执行流程，如果条件 1 满足，则执行代码块 1；否则，如果条件 2 满足，则执行代码块 2；……；否则，如果条件 n 满足，则执行代码块 n。条件 1～n 都不满足时，执行代码块 n+1。

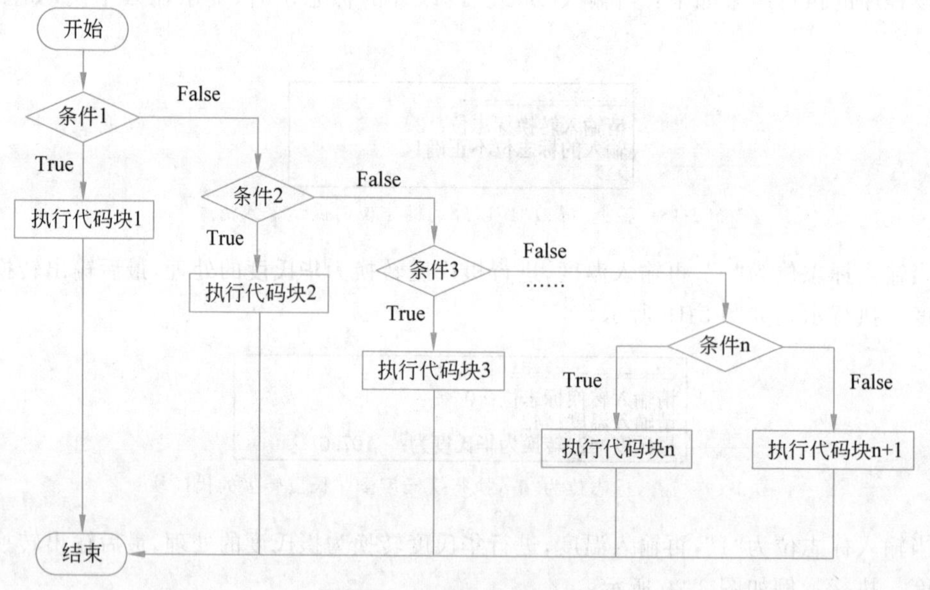

图 3-21　if-elif 语句流程图

例 3-5：编写程序，输入成年人的性别、身高和体重，计算 BMI 值，根据表 3-8 的 BMI 指标输出纤体程度。

(1) 输入性别，性别只能为“男”或“女”。如果输入的性别不是“男”或“女”，则提示错误信息，处理结束。

(2) 输入身高和体重。

(3) 计算 BMI 值，计算公式为：$\text{BMI}=\dfrac{\text{体重(kg)}}{\text{身高}(\text{m}^2)}$

(4) 根据表 3-8 输出相应的纤体程度。

分析：该功能包括两个判断条件。首先，判断输入的性别是否为“男”或“女”，这个判断可以通过 if 语句实现；其次，根据计算的 BMI 值输出相对应的纤体程度，由于 BMI 标准有多个程度，因此使用 if-elif 语句实现多分支判断。根据分析，Python 程序实现如下。

表 3-8　BMI 纤体标准

性别	程度	BMI 指标
女	过轻	<19
	适中	[19,24)
	过重	[24,29)
	肥胖	[29,34)
	非常肥胖	≥34
男	过轻	<20
	适中	[20,25)
	过重	[25,30)
	肥胖	[30,35)
	非常肥胖	≥35

```
strGender = input("请输入性别:")
if strGender != "男" and strGender != "女":
    print("输入的性别有误!")
else:
    fltWeight = float(input("请输入体重(单位为 kg):"))
    fltHeight = float(input("请输入身高(单位为 m):"))
    fltBMI = round(fltWeight / pow(fltHeight,2),2)
    print("纤体程度:",fltBMI)
    if strGender == "女":
        if fltBMI < 19:
            print("你有点弱不禁风哦!")
        elif fltBMI >= 19 and fltBMI < 24:
            print("多一两胖,少一两瘦,正正好!")
        elif fltBMI >= 24 and fltBMI < 29:
            print("对身材放松要求了吧!")
        elif fltBMI >= 29 and fltBMI < 34:
            print("最近吃得太任性了! 快打住!")
        elif fltBMI >= 34:
            print("以后一周只能吃一顿饭了!")
    else:
        if fltBMI < 20:
            print("你有点弱不禁风哦!")
        elif fltBMI >= 20 and fltBMI < 25:
            print("多一两胖,少一两瘦,正正好!")
        elif fltBMI >= 25 and fltBMI < 30:
            print("对身材放松要求了吧!")
        elif fltBMI >= 30 and fltBMI < 35:
            print("最近吃得太任性了! 快打住!")
        elif fltBMI >= 35:
            print("以后一周只能吃一顿饭了!")
```

该程序的执行结果如下：当输入“男”或“女”以外的标志位时，提示输入错误，如图 3-22 所示。

输入不同的性别、身高和体重，程序执行的结果示例如图 3-23 所示。

```
===============
请输入性别:无
输入的性别有误!
>>>
```

图 3-22 输入“男”或“女”以外的性别时提示输入错误

```
==============
请输入性别:男
请输入体重(单位为kg):56
请输入身高(单位为m):1.78
纤体程度: 17.67
你有点弱不禁风哦!
>>>
================ RESTART:
==============
请输入性别:男
请输入体重(单位为kg):78
请输入身高(单位为m):1.7
纤体程度: 26.99
对身材放松要求了吧!
>>>
================ RESTART:
==============
请输入性别:女
请输入体重(单位为kg):85
请输入身高(单位为m):1.6
纤体程度: 33.2
最近吃得太任性了! 快打住!
>>>
================ RESTART:
==============
请输入性别:女
请输入体重(单位为kg):130
请输入身高(单位为m):1.65
纤体程度: 47.75
以后一周只能吃一顿饭了!
>>>
```

图 3-23 根据性别、身高、体重不同代码块的执行结果示例

3.1.3 程序运算控制

本节介绍 Python 的循环控制结构。当需要代码块重复执行多次时，就要用到循环控制结构。Python 中使用 while 和 for 语句实现代码块的循环执行，同时可以用 break 和 continue 控制语句跳出循环。

1. while 循环语句

利用 while 语句，可以让一个代码块重复执行，其流程图如图 3-24 所示，while 语句表示当条件为 True 时，代码块就能够执行。

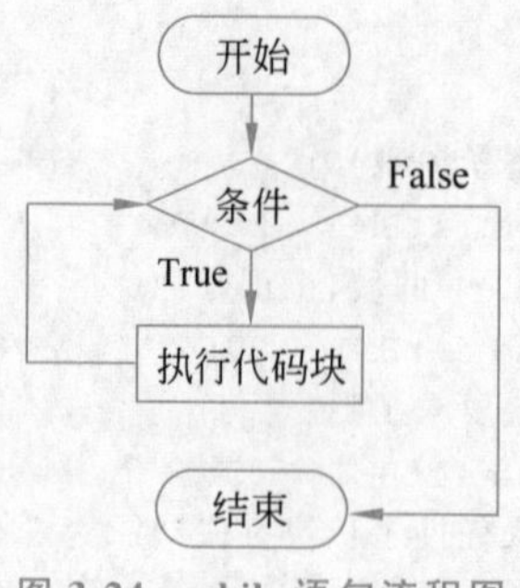

图 3-24 while 语句流程图

在 Python 中，while 语句的语法形式为：

```
while 布尔表达式:
    代码块
```

因为布尔表达式在进入循环之前会被计算，所以一个 while 语句可以执行多次循环，也可能执行零次循环。

例 3-6：编写程序，实现“重要的事情说 3 遍！”。

分析：可以直接输出三次“重要的事情说 3 遍！”实现该程序的功能，Python 代码如下。

```
print("重要的事情说 3 遍!")
print("重要的事情说 3 遍!")
print("重要的事情说 3 遍!")
```

这段程序的执行结果如图 3-25 所示。

在上面的代码中，三行代码完全相同，可以使用 while 循环，将一条 print 语句重复执行三次。Python 代码实现如下。

```
intCnt = 1
while intCnt <= 3:
    print("重要的事情说 3 遍!")
    intCnt = intCnt+1
```

这段程序的执行结果如图 3-26 所示，与原结果一样。在上述代码中，使用了 intCnt 变量来控制循环的次数：该变量初始值为 1，在进入 while 循环的时候，满足 intCnt<=3 的条件；此后每一轮循环，都会将该变量累加 1，每次进入循环，都会判断其值是否小于或等于 3；直到执行三轮循环之后，intCnt 累加到 4，不再满足循环条件，循环结束。

```
================
重要的事情说3遍!
重要的事情说3遍!
重要的事情说3遍!
>>>
```

图 3-25 直接输出三次的执行结果

```
================
重要的事情说3遍!
重要的事情说3遍!
重要的事情说3遍!
>>>
```

图 3-26 用 while 循环实现同一语句输出三次

使用 while 程序可以节省很多代码。例如，实现“重要的事情说 100 遍”的功能，用循环来实现将更加简单、灵活。

例 3-7：编写程序，用 while 循环语言实现数字 1～100 的累加求和。

分析：参考例 3-6，可以采用循环实现。设定一个变量控制循环的次数，变量初始值是 1，循环执行的条件是该变量值小于或等于 100。Python 代码如下。

```
intCnt = 1
intTotal = 0
while intCnt <= 100:
    intTotal = intTotal + intCnt
    intCnt = intCnt + 1
print("1~100 累加结果是:",intTotal)
```

在这段代码中，巧妙地利用 intCnt 变量实现了 1～100 的递增，使用变量 intTotal 进行累加，最后输出累加结果如图 3-27 所示。

```
===============
1~100累加结果是: 5050
>>> |
```

图 3-27　用 while 循环实现 1～100 的累加

2. for 循环语句

根据 while 循环语句的执行逻辑，当条件为 True 时，while 循环就会执行，因此 while 循环可以看作是不固定次数的循环。如果预先知道代码执行的固定次数，可以使用更加方便的 for 循环结构。

Python 中 for 语句的语法形式为：

```
for var in 序列:
    取下一项
    代码块
```

其中，var 是变量，它被依次赋予序列中的值，并且代码块针对每个值会执行一遍。for 语句执行流程如图 3-28 所示。

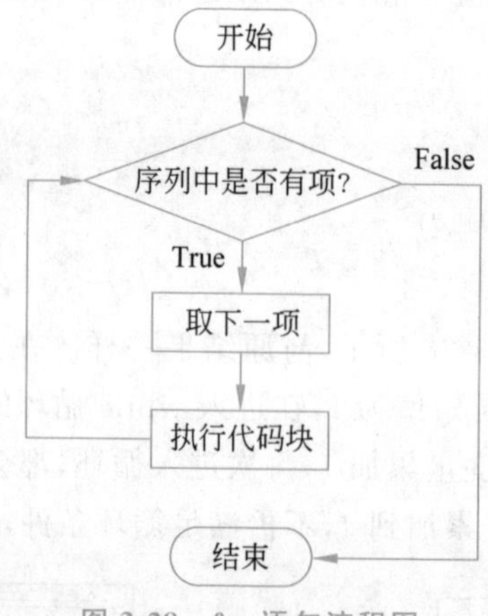

图 3-28　for 语句流程图

for 语句中的序列可以有多种形式。

1）列表形式

例如，用 for 循环实现输出 1、2、3、4、5 这五个数字，可以用列表的形式实现，代码如下。

```
for i in [1,2,3,4,5]:
    print(i)
```

在这段代码中，变量 i 将分别被赋予列表[1,2,3,4,5]中的值，并将其输出，因此 print(i)会执行 5 次。执行结果如图 3-29 所示。

2）字符串形式

可以用 for 循环实现输出一个字符串的各个字符，代码如下。

```
for strL in "Hello":
    print(strL)
```

在这段代码中，变量 strL 将分别被赋予字符串"Hello"的各个字符的值，并将其输出，因此 print(i)会执行 5 次。执行结果如图 3-30 所示。

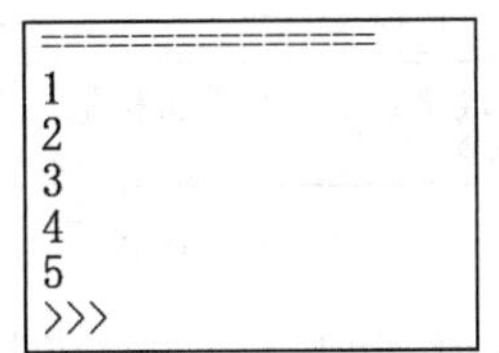

图 3-29　变量被赋予列表各项的值，for 语句执行结果

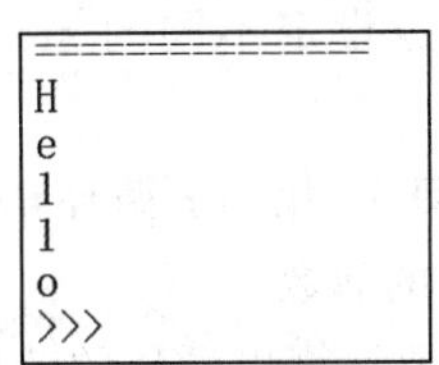

图 3-30　变量被赋予字符串各个字符的值，for 语句执行结果

3）range()函数形式

Python 的 range()函数可以用来创建一个整数序列，range()函数可以和 for 语句一起使用，实现固定次数的循环，其语法形式如下。

```
for var in range([initial_value,] final_value[,step]):
    代码块
```

- initial_value 是序列的起始值，这个参数是可选的，如果省略，则默认值为 0。
- final_value 是序列的终止值，但是不包括 final_value。
- step 是步长，表示每次循环后循环变量增加的值，这个参数也是可选的，如果省略，则默认值为 1。

上述输出 1、2、3、4、5 的程序，用 range()和 for 循环实现同样的功能，代码如下。

```
for i in range(5):
    print(i+1)
```

这段代码的执行结果与图 3-29 相同，都是输出了 1、2、3、4、5 这 5 个数字。这段代码中 range()函数的参数只有 5，是因为省略了 initial 和 step，相当于 range(0,5,1) 的形式。因为 initial_value 省略，所以初始值为 0，因此每次输出的值应该是序列的当前值+1。如果初始值从 1 开始，可以这样实现：

```
for i in range(1,6):
    print(i)
```

在例 3-7 中，用 while 循环语言实现数字 1～100 的累加求和，现在使用 for 循环和 range()函数来实现同样的功能。

例 3-8：编写程序，用 for 循环语句和 range()函数实现数字 1～100 的累加求和。

分析：数字 1～100 的累加，即需要循环 100 次变量的累加求和，因此循环次数是固定的，可以使用 for 循环实现，代码如下。

```
intTotal = 0
for i in range(1,101):
    intTotal = intTotal + i
print("数字 1 到 100 的累加和是：",intTotal)
```

在这段代码中，range(1,101) 表示从 1～100 执行 100 次循环，变量 i 的值也分别是 1～100，每次循环都对变量 i 进行累加，最后的执行结果如图 3-31 所示。

range()函数的 step 参数可以规定每次循环后循环变量增加的值，默认情况下，循环变量每次增加 1。通过设定不同的 step,可以实现更加灵活的循环功能。

```
================
数字1~100的累加和是:  5050
>>> |
```

图 3-31　用 for 循环实现 1～100 的累加

例 3-9：编写程序，用 for 循环语句和 range()函数输出 1～20 中的偶数。

分析：首先需要计算出循环的范围，查找范围是 1～20，由于 range()函数不包含终止值，所以 range()函数的参数是 1 和 21。判断偶数可以设定每次循环的步长为 2，从而跳过奇数，实现每隔一个数字(奇数)输出一个偶数。代码如下。

```
print("1 到 20 的偶数如下：")
for i in range(1,21,2):
    print(i+1)
```

在这段代码中，range(1,21,2) 表示从 1～20 以步长为 2 执行 10 次循环，由于输出的是偶数，所以每次需要输出变量 i+1，执行结果如图 3-32 所示。

有时候还可以使用负数作为步长，让循环计数逐渐减少，而不是增加。

例 3-10：编写程序，用 for 循环语句和 range()函数，逆序排列输出 20 到 1 中的奇数。

分析：循环次数和例 3-9 一样，从 20 到 1 的奇数有 10 个，且按倒序输出，因此可以设置序列的起始值为 20，终止值为 0，步长为 −2，代码如下。

```
print("20 到 1 的奇数按倒序排列如下：")
for i in range(20,0,-2):
    print(i-1)
```

在这段代码中，range(20,0,2) 表示从 20 到 1 以步长为 −2 执行 10 次循环，即每次变量 i 递减 2，由于输出的是奇数，所以每次需要输出变量 i−1，执行结果如图 3-33 所示。

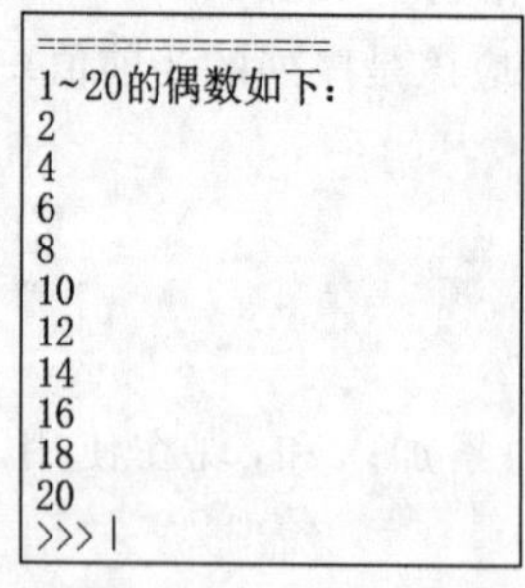

图 3-32　用 for 循环输出 1～20 中的偶数

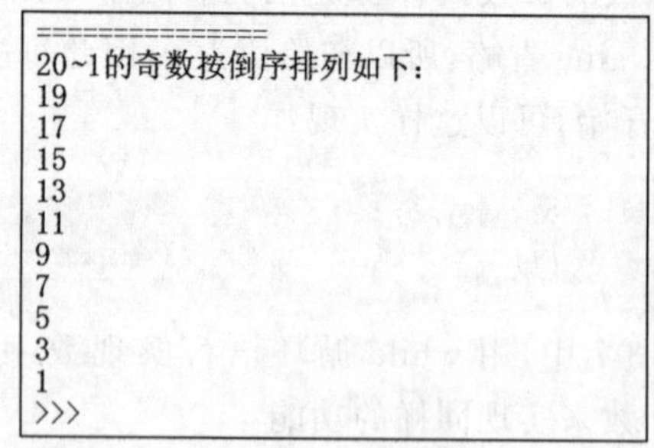

图 3-33　用 for 循环输出 20～1 的奇数

3. break 语句

循环会消耗很多 CPU 资源，从程序的执行效率来讲，要谨慎使用循环。如果在某次循环中，根据指定条件需要及时跳出或者结束循环，而不是等到完成所有循环，可以使用循环终止语句。break 语句用在 while 和 for 循环中，用于中止循环，即循环条件没有达到 False 条件或者序列还没被完全递归完，也会停止执行循环语句，两者的流程图如图 3-34 所示。

例 3-11：编写程序，实现下列功能。

(1) 输入任意要查找的字符。

(2) 判定"Summer is here."字符串中是否含有上述(1) 输入的字符。

分析：通常的方法是遍历字符串，判断每一位字符是否等于要查找的字符。但有些情

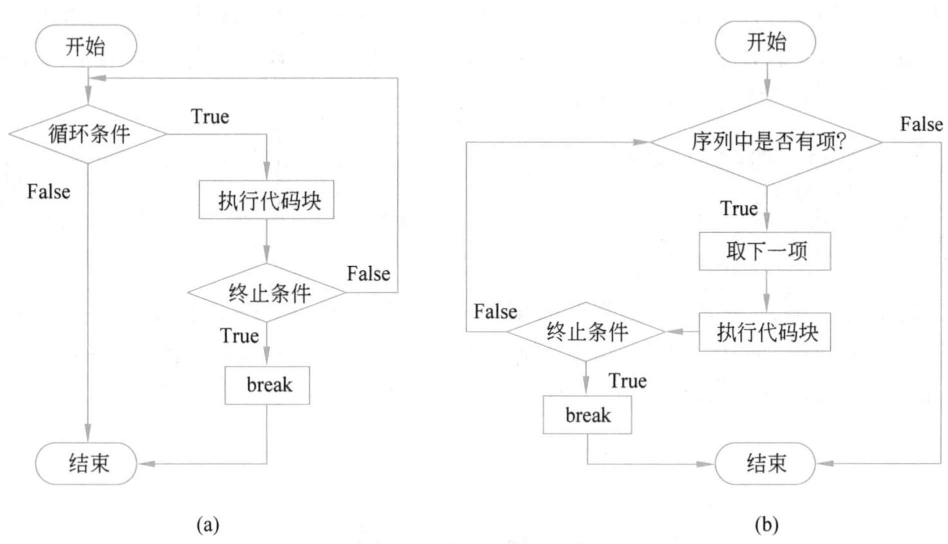

图 3-34 while 循环和 for 循环中有 break 的流程图

况下，无须执行完所有循环，就可以满足题目的要求。例如，输入的字符是"e"，在第五次循环的时候，就可以判断出包含字符"e"，而无须循环到最后，因此可以在 for 循环中加入一个终止条件，即一旦当前字符等于"e"，则可以判断出该字符串包含"e"，终止循环。代码实现如下。

```
strText = "Summer is here."
strFind = input("请输入要查找的字符: ")
blnFind = False
for strC in strText:
    if strC == strFind:
        blnFind = True
        break
if blnFind == True:
    print("找到了要查找的字符: ",strFind)
else:
    print("找不到要查找的字符: ",strFind)
```

在这段代码的 for 循环中，如果当前字符和待查找的字符一致，则利用 break 语句中止循环，执行 for 循环之后的语句。"Summer is here."字符串长度为 15，全部循环次数为 15，以查找字符是"e"为例，使用 break 语句能够节省 10 次循环的时间。上述代码的执行结果如图 3-35 所示。

图 3-35 查找到和未查找到的执行结果

在大规模数据处理中，提高程序的执行效率非常重要，我们要对每一个可能影响程序执行时间的代码进行优化，才能够应对大数据时代的数据处理需求。

4. continue 语句

和 break 语句类似，continue 语句在循环内部用于停止本轮循环。但 continue 语句是跳转至循环开始处，重新对循环条件进行判断或对循环序列求下一个值。

例 3-12：编写程序，用 for 循环、range()函数和 continue 语句输出 1～20 中的偶数。

分析：在例 3-9 中，使用 step＝2 实现了输出 1～20 中的偶数功能。如果不借助步长，而使用 continue 语句是否也能实现相同的功能？代码实现如下。

```
for i in range(1,21):
    if i%2 != 0:
        continue
    print(i)
```

代码的每次循环中都会判断当前值是否能被 2 整除，若不能被 2 整除，则执行 continue，即不执行 print(i)语句，结束本轮循环，直接跳转至循环开始处，取序列中的下一个值，进入下一次循环。程序流程图如图 3-36 所示。

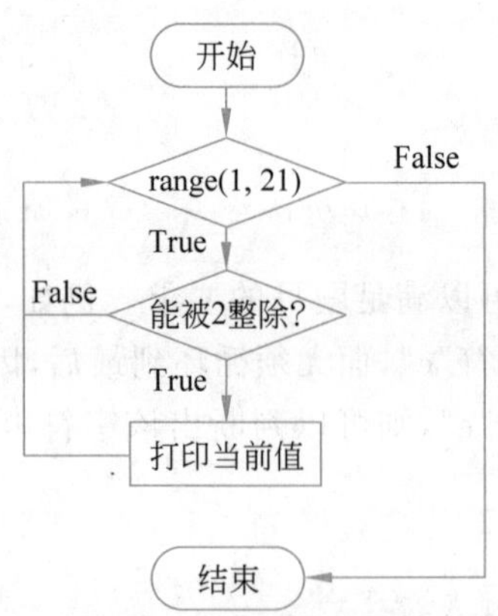

图 3-36　通过 continue 语句终止本轮循环

3.1.4　习题与实践

1. 填空题

(1) 布尔数据类型只有两种值：________和________。

(2) 比较运算符又称为关系运算符，用来比较两个值，其结果是一个________。

(3) Python 中有三个逻辑运算符：________、________和________。

(4) 对于一个循环结构来说，终止整个循环的语句是________，中止本轮循环的语句是________。

2. 选择题

(1) 下列不属于比较运算符的是(　　)。

A. ＝＝　　B. !＝　　C. ＞＝　　D. ＝

(2) 下列布尔表达式的值为 True 的是(　　)。

A. 55＝＝"55" and 55＝＝55.0

B. 30＞＝90 or 55 ＝＝ "55"

C. 20 ＞ 4 * 4 and "a" ＞ "A" or 0＝＝0

D. "ABC" ＞ "abc"

(3) 关于选择结构以下说法错误的是(　　)。

A. if 可以实现单分支选择结构
B. if-else 可以实现双分支选择结构
C. if-elif 可以实现多分支选择结构
D. if-else 和 if-elif 不可以嵌套使用

(4) 关于循环结构以下说法正确的是(　　)。
A. while 循环语句至少会执行一次循环
B. for 语句必须和 range()函数一起使用
C. range()的 step 参数可以是负数
D. range()的初始值参数一定要小于终止值参数

3. 判断题

(1) 当循环次数未知时,可以使用 for 循环结构。　(　　)
(2) 当循环结构已知时,不能使用 while 循环结构。　(　　)
(3) 在以下代码片段中,"Hello"显示 10 次。　(　　)

```
for i in range(1,10):
    print("Hello")
```

(4) 在 for 循环结构中,循环变量在每次循环的开始处被自动赋予序列中的后续值。　(　　)
(5) while 结构可能会执行 0 次循环。　(　　)
(6) 在以下代码片段中,"Hello"显示 10 次。　(　　)

```
i = 1
while i <= 10:
    print("Hello")
i = i + 1
```

3.2 模块化程序设计

在 Python 中,将用于实现某个功能的语句组合成一个模块,称为函数。本节将介绍函数的定义和使用方法。

3.2.1 函数

创建函数的目的是重复使用,提高程序开发效率。可以把函数看成是一个具有某种功能的"工具",可以反复使用。

1. 创建函数

创建函数也称为定义函数。在 Python 中函数由关键字 def 来定义。函数定义的一般形式为:

```
def  函数名(参数列表):
函数体
return
```

其中,参数是可选的,用于指定向函数中传递的参数。如果有多个参数,参数之间用逗号分隔。如果无参数设置,则表明当前函数没有参数,调用时也无须指定参数。

根据需要,函数可以有返回值,用 return 返回。当函数无返回值时,可以省略 return 语句。

例 3-13:创建一个名为 Hello 的函数,其作用为输出"欢迎进入 Python 世界"的字符内容。

创建该函数的程序段如下。

```
def  Hello():
print("欢迎进入 Python 世界 ")
```

在程序中调用 Hello()函数,将显示"欢迎进入 Python 世界"的字符内容。

例 3-14:创建一个名为 sum()的函数,其作用是计算 n 以内的整数之和(包含 n)。下面为定义的函数程序段。

```
def sum(n):
    s=0
    for i in range(1,n+1):
        s=s+i
    return s
```

2. 调用函数

在 Python 中,在需要函数的地方,直接使用函数名来调用函数。如果定义的函数包含参数,则调用函数时也必须提供参数。

例 3-15:调用 sum(n)函数计算 1~50 的整数之和。

```
def sum(n):                #定义 sum 函数
    s=0
    for i in range(1,n+1):
        s=s+i
    return s
print(sum(50))             #调用 sum 函数,参数为 50
```

3. 形参与实参

在调用函数时,大多数情况下,主调函数和被调用函数之间有数据传递关系,这就是有参数的提取形式。函数参数的作用是传递数据给函数使用,函数利用接收的数据进行具体的操作处理。

函数参数在定义函数时放在函数名称后面的一对小括号中,在使用函数时,经常会用到形式参数(形参)和实际参数(实参),两者都称为参数。

形式参数和实际参数在作用上的区别如下。

(1) 形式参数:在定义函数时,函数名后面括号中的参数为"形式参数",也称形参。

(2) 实际参数:在调用一个函数时,函数名后面括号中的参数为"实际参数"。也就是将函数的调用方传递给函数的参数称为实际参数,也称实参。

根据实参的类型不同,可以分为传值和传地址两大类——将实参的值传递给形参和将实参的引用传递给形参两种情况。其中,当实参为不可变对象时,进行的是值传递;当形参为可变对象时，进行的是引用传递。传值和传引用的基本区别就是，值传递只改变形参的值，实参的值不变；而进行引用传递后，形参和实参的值一同改变。

例 3-16：判断用户输入的手机号码是否合法。

```
def phone(num):          #定义 phone 函数进行判断
    if num.isdigit():
        if len(num)==11:
            print('输入的手机号码合法！')
        else:
            print('输入的手机号码位数有误！')
    else:
        print('输入的手机号码含有非法字符！')
instr=input('请输入 11 位手机号码:')
phone(instr)             #调用 phone 函数完成判断
```

3.2.2　模块与 Python 库

1. 模块

Python 模块是一个.py 文件，其中包含多个定义的常用函数代码及自定义的数据类型、类等，供其他 Python 程序使用。Python 程序文件的扩展名也是.py，二者的区别在于，程序的设计目的是运行，而模块的设计目的是由其他程序导入并使用。

简单地说，模块就是把常用的一些功能单独放置到一个文件中，方便其他文件调用。Python 以模块提供的方式，加上它的开源的特性，可方便地扩充语言的功能。

2. 内置模块和非内置模块

Python 中的内置函数是通过_builtins_模块提供的，该模块为内置模块，不需要手动导入，启动 Python 时系统会自动导入，任何程序都可以直接使用它们。

内置模块中定义了一些软件开发中常用的函数，这些函数实现了数据类型的转换、数据的计算、序列的处理、常用字符串处理等。

Python 3 中的内置函数包括 abs()、dict()、help()、min()、dir()、sorted ()、ascii ()、enumerate()、eval()、int()、open()、str()、bool()、sum()等。

在 Python 中也可手动导入其他非内置模块，方便地扩充语言的功能。

非内置模块导入的几种方式如下。

1）非内置模块的整体导入

非内置模块在使用前要先导入模块，Python 中使用如下语句来导入模块。

```
import <模块名>
```

其中模块名可以有多个，多个模块之间要用逗号分隔。import 语句通常放在程序的开始部分。

例 3-17：导入 math 数学库。

```
import math
print(math.pi)                    #使用 math 模块的 pi 常数显示 π
print(math.pow(math.pi,2))        #使用 pow()函数计算 π 的平方
```

2）只导入模块的一部分

如果需要导入模块的某个部分(如子模块、函数等),可以使用下面的导入方式。

```
from <模块> import <子模块/函数>
```

例 3-18：使用 from 方法导入 math 数据库。

```
from math import sqrt,pi
print(sqrt(16))          #使用 sqrt()函数计算 16 的平方根
print(2 * pi * pi)
```

需要强调的是,使用 from 语句导入的模块，在以后调用函数时可以省略“模块名.”前缀,但要注意所引入模块中的函数/变量名等是否与现有的名称冲突。

3. Python 标准库

随着每个 Python 版本的发布,会同时发布该版本的 Python 标准库。

Python 的标准库十分庞大,既有 Python 自身特定的类型和声明,包括支持内建数据类型操作的基本模块,如 math 模块、string 模块等,也包含很多用于特定领域、帮助用户处理各种工作的模块,如正则表达式、文档生成、线程、数据库等有关操作的模块,这些模块为系统之间的功能交互提供了有效的工具。以下介绍几个标准库中的基本模块。

1）os 模块

os 模块包含常用的操作系统功能方法,如 os.lisldirt(path)能够列出指定地址下的目录。

2）time 和 datetime 模块

Python 提供了多个内置模块用于操作日期时间,如 calendar、time、datetime 等。其中使用 calendar 模块可以将给定年份/月份的日历输出到标准输出设备上。

例 3-19：使用 calendar 模块打印月历。

```
import calendar
calendar.prmonth(2022,2)          #使用 prmonth()函数打印指定年份、月份的日历
```

运行结果如图 3-37 所示。

```
   February 2022
Mo Tu We Th Fr Sa Su
    1  2  3  4  5  6
 7  8  9 10 11 12 13
14 15 16 17 18 19 20
21 22 23 24 25 26 27
28
```

图 3-37　calendar 运行结果

如果要打印年历,可使用语句 calendar.prcal(year),如 calendar.prcal(2022)的运行结果如图 3-38 所示。

time 模块和 datetime 模块都是时间模块,下面通过举例简单介绍 time 和 datetime 模块的应用。

例 3-20：time 和 datetime 模块的应用。

(1) 计算两个日期间隔的天数。

```
                                  2022

      January                   February                   March
Mo Tu We Th Fr Sa Su      Mo Tu We Th Fr Sa Su      Mo Tu We Th Fr Sa Su
                1  2          1  2  3  4  5  6          1  2  3  4  5  6
 3  4  5  6  7  8  9       7  8  9 10 11 12 13       7  8  9 10 11 12 13
10 11 12 13 14 15 16      14 15 16 17 18 19 20      14 15 16 17 18 19 20
17 18 19 20 21 22 23      21 22 23 24 25 26 27      21 22 23 24 25 26 27
24 25 26 27 28 29 30      28                        28 29 30 31
31

       April                      May                       June
Mo Tu We Th Fr Sa Su      Mo Tu We Th Fr Sa Su      Mo Tu We Th Fr Sa Su
             1  2  3                         1             1  2  3  4  5
 4  5  6  7  8  9 10       2  3  4  5  6  7  8       6  7  8  9 10 11 12
11 12 13 14 15 16 17       9 10 11 12 13 14 15      13 14 15 16 17 18 19
18 19 20 21 22 23 24      16 17 18 19 20 21 22      20 21 22 23 24 25 26
25 26 27 28 29 30         23 24 25 26 27 28 29      27 28 29 30
                          30 31

        July                     August                  September
Mo Tu We Th Fr Sa Su      Mo Tu We Th Fr Sa Su      Mo Tu We Th Fr Sa Su
             1  2  3       1  2  3  4  5  6  7                1  2  3  4
 4  5  6  7  8  9 10       8  9 10 11 12 13 14       5  6  7  8  9 10 11
11 12 13 14 15 16 17      15 16 17 18 19 20 21      12 13 14 15 16 17 18
18 19 20 21 22 23 24      22 23 24 25 26 27 28      19 20 21 22 23 24 25
25 26 27 28 29 30 31      29 30 31                  26 27 28 29 30

      October                   November                  December
Mo Tu We Th Fr Sa Su      Mo Tu We Th Fr Sa Su      Mo Tu We Th Fr Sa Su
                1  2          1  2  3  4  5  6                1  2  3  4
 3  4  5  6  7  8  9       7  8  9 10 11 12 13       5  6  7  8  9 10 11
10 11 12 13 14 15 16      14 15 16 17 18 19 20      12 13 14 15 16 17 18
17 18 19 20 21 22 23      21 22 23 24 25 26 27      19 20 21 22 23 24 25
24 25 26 27 28 29 30      28 29 30                  26 27 28 29 30 31
31
```

图 3-38　年历运行结果

```
import datetime
d1 =datetime.datetime(2021,10,1)          #使用 datetime()函数合成标准格式的日期
d2 =datetime.datetime(2022,5,1)
print((d2-d1).days)                       #计算两个日期的差,以天数(days)为单位进行显示
```

运行结果显示两个日期相距 212 天。

(2) 获取当前日期和时间。

```
import datetime
datetime.datetime.now()
```

此时的运行结果为当前的系统时间。

说明：这里调用的是 datetime 模块中 datetime 类的方法(即成员函数)now()。两个 datetime 表示的意义不同,均不能省略。

另外,在 datetime 模块中,除 datetime 类外,还有主要用于日期的 date 类和主要用于时间的 time 类。

在 Python 中也可使用 datetime.datetime.today()显示当前日期和时间,两者效果相同。

3) random 模块

在用到随机数时,Python 的 random 模块提供了产生随机数的多种方法。

(1) random.random()：用于生成一个值在[0,1)范围内的随机小数。

(2) random.randint(a,b)：用于生成一个指定范围内的整数。其中,参数 a 是下限,参

数 b 是上限。

(3) random.uniform(a,b)：用于生成一个指定范围内的随机浮点数 n，两参数分别是上限和下限。如果 a＜b，则 a≤n≤b；如果 a＞b，则 b≤n≤a。

(4) random.randrange([start],stop[,step])：从指定范围 start 到 stop，以 step 为步长生成随机数。

对比以下两段程序的运行结果。

```
for i in range(1,50):
    print(random.randrange(0,100,3))
```

与

```
for i in range(1,50):
    print(random.randrange(1,100,3))
```

例 3-21：简易微信群发红包模拟程序。

任务：在微信群中有 6 个好友，分别是小明、李梅、小龙、冬冬、小胖、小巧。小明发出一个指定金额的红包后，6 个人可以获得随机的红包。

本例中使用随机函数生成数据，并保留两位小数。代码如下。

```
import random
friends =['小明','李梅','小龙','冬冬','小胖','小巧']  #定义好友列表
xm ='小明'                                           #xm 变量为发红包用户的姓名
#1.输入红包总金额
sum_money =float(input('请输入红包金额(1-200): '))    #发红包的总金额
send_n =6                                            #发红包个数
print('%s 发了一个总金额%s 元的红包,共分成%s 份' %(xm, sum_money, send_n))
max_hongbao=0                       #最大红包金额
recieve_max=''                      #空字符串,用来保存手气最佳的用户名
#2.划分红包,使总和为红包金额
listTemp=[]                         #随机分配的红包金额,临时变量
HBlist=[]                           #按比例分配的红包数值列表
sumHB=0
for i in range(0,send_n):           #按红包个数随机分配各个红包
    x0=round(random.uniform(1,100),2)
    listTemp.append(x0)
    sumHB=sumHB+x0
ratio=sum_money/sumHB               #计算各个红包占总金额的比例
#3.用比例计算实际随机红包值
for i in range(0,send_n):
    HB=round(ratio*listTemp[i],2)
    HBlist.append(HB)
#4.发放红包
for i in range(0,send_n):
    name=friends[i]
    if i==send_n-1:                 #最后一个红包
        recieve_m =sum_money        #剩下的发到最后一个红包
    else:
```

```
        recieve_m =HBlist[i]            #在列表中抽取对应红包
    sum_money=sum_money-recieve_m
    print('%s 抢到了%.2f 元钱'%(name,recieve_m))

    if i<send_n-1:                      #显示未被抢红包数量
        print('还有%s 个红包没有被抢(剩余%.2f)' %(send_n-1-i,sum_money))
    else:
        print('最后一个红包被%s 抢走了! '%name)      #提示红包已经被抢光了
    if recieve_m>max_hongbao:           #比较此红包与当前最大红包的大小
        max_hongbao=recieve_m
        recieve_max=name
print('%s 全场手气最佳,抢得最大红包%.2f 元'%(recieve_max,max_hongbao))
```

运行结果如图 3-39 所示。

```
请输入红包金额（1-200）：200
小明发了一个总金额200.0元的红包，共分成6份
小明抢到了9.27元钱
还有5个红包没有被抢(剩余190.73)
李梅抢到了37.68元钱
还有4个红包没有被抢(剩余153.05)
小龙抢到了42.51元钱
还有3个红包没有被抢(剩余110.54)
冬冬抢到了22.44元钱
还有2个红包没有被抢(剩余88.10)
小胖抢到了45.34元钱
还有1个红包没有被抢(剩余42.76)
小巧抢到了42.76元钱
最后一个红包被小巧抢走了!
小胖全场手气最佳,抢得最大红包45.34元
```

图 3-39　发红包算法运行结果

在发红包算法的实现过程中，难点在于如何使每个红包金额都是随机值，并且还需要满足加和等于红包总额。读者也可以进一步思考，尝试其他解决方案。

在 random 模块中，除了上面介绍的产生随机数据的多种方法，还支持三角分布、指数分布、正态分布、高斯分布等非常专业的随机算法，功能十分强大。

以上介绍了 Python 标准库众多模块中的部分模块。Python 标准库是随 Python 自动安装的，标准库好比一个百宝箱，能为各种常见的任务提供工具或解决方案，熟悉 Python 标准库十分重要。

Python 中除了标准库外，还有很多第三方模块可以使用，例如，在科学和工程计算方面有高效的 NumPy，基本的科学计算有 SciPy 等。Python 语言还有图形库、编程库等不胜枚举，这也正是其吸引人的一大优势。

3.2.3　习题与实践

1. 填空题

(1) 在程序设计中，经常将用于实现某个功能的语句组合成一个命了名的模块，这个被命名的程序模块就是________，在程序中可以使用名称反复调用。

(2) 在 Python 中函数由关键字________来定义。

(3) 函数可以有返回值，用________语句返回。

(4) 在使用函数时,参数在函数名称后面的一对小括号中,参数包括________参数和________参数。

(5) 把常用的一些功能单独放置到一个.py 文件中,方便其他文件调用,这个共享的.py 文件也称为 Python 的________。

2. 选择题

(1) 下列导入模块的几种方式错误的是(　　)。

A. import math　　　　B. import sqrt

C. from math import pow　　　　D. from math import *

(2) random.random()函数生成的数值的范围为(　　)。

A. 包含 0 和 1　　　　B. 不包含 0 和 1

C. 包含 0,不包含 1　　　　D. 不包含 0,包含 1

第4章 数据获取与计算

本章概要

数据能够描述生产、制造、产业流程的真实面貌，是智能计算的核心。传统获取数据的方法是手工录入、传感器捕捉等，随着数据工程的发展，数据的形式多种多样，数量也越来越多，在获取数据的过程中需要考虑的要素也越来越多。

在数据分析之前，各类数据通常存放在文件中，算法通过读取文件来获得具体的数据信息。当前数据工程时代，实际生产的数据类型多种多样，表达含义也非常丰富，而且数据中还常常存在很多问题，因此还需要对获取到的数据进行适当的数据探查。

数据探查可以从很多维度进行，我们可以在这一阶段了解数据的类型、大小和分布等属性，为接下来的问题抽象和算法选择做准备。

本章主要介绍数据文件的读取和数据探查及预处理方法，以及对预处理后的数据进行数值统计操作，通过数据获取和数值统计实现对数据的初步理解。

学习目标

通过本章的学习，要求达到以下目标。

(1) 理解数据的输入输出流程。

(2) 掌握数据文件的读取方法。

(3) 了解数据预处理过程。

(4) 掌握数据标准化处理方法。

(5) 熟悉 NumPy 数值统计模块。

(6) 掌握 NumPy 的 ndarray 数据结构。

(7) 掌握 ndarray 结构的访问和统计计算方法。

4.1 数据采集和处理

数据的输入和输出是编程中最为核心的操作。人们先要使用输入输出进行数据采集，然后才能进行计算等处理。程序设计中最常用的输入输出方式为标准输入输出和文件输入输出。标准输入输出方式是使用键盘输入数据，并将运算结果显示在屏幕上。文件输入输出方式则是通过程序访问文件来完成数据读取和写入。

使用标准输入输出进行人机交互的基本过程分为以下三步。

(1) 输入数据。

(2) 处理数据。

(3) 输出数据。

4.1.1 文件输入输出

1. 文件和文件目录

前面章节主要介绍了使用变量和数据结构存储数据,变量等数据通常暂存在内存中,在程序执行结束后就不复存在了。而大批量的原始数据,以及运算处理得到的大量结果数据,需要长久保存,通常选择保存在文件中。

文件是更强大的数据存储方式。文件是由特定顺序的内存组成的一个有序的、具有特定名称的对象。文件存储在磁盘、光盘等存储设备上。

访问一个文件一般需要指定驱动器。通常情况下,文件按目录进行组织,如果文件名从磁盘开始,则称为绝对路径文件名,例如:c:\data\cust.txt。

文件名还可以使用相对路径的方式表示,即一个与当前路径相对的位置,是从当前路径出发的某个路径。例如,当前路径为 c:\data,文件路径 c:\data\ex1\calu.txt 可以表达成\ex1\calu.txt 的相对路径形式。

在读写文件时,如果所处理的数据文件与 Python 程序所在的路径在不同的文件夹,可以使用绝对或相对路径文件名来指定数据文件。需要注意,为了避免程序复制或移动产生错误,一般建议使用相对路径。

2. 访问文件的流程

访问文件的流程一般为:

(1) 打开文件。

(2) 访问文件(读/写)。

(3) 关闭文件。

数据文件分为二进制文件和文本文件,二进制文件中存储的是不可转换成文本的二进制编码,文本文件中存储字符编码。

对文件的操作有读、写(追加)等,都需要先打开文件。打开文件时要设置文件的访问方式。打开后若要改变文件访问方式,必须先关闭文件,然后再用新的访问方式重新打开文件。

3. 文件的基本操作

Python 的文件操作函数是由内置模块提供的,可以直接使用。

1) 打开文件

使用 open()函数打开文件并返回文件对象,一般格式为:

```
open(file, mode='r', buffering=-1, encoding=None, errors=None, newline=None,
closefd=True)
```

主要参数如下:

- file 表示文件名。
- encoding 表示文件内容的编码方式。
- mode 表示打开文件的方式，默认为 r(只读)，常用 mode 参数如表 4-1 所示。

表 4-1　文件打开方式

mode	打开方式	mode	打开方式
r	只读方式	b	二进制方式
w	写方式，写入数据会覆盖原内容	t	文本方式
x	创建新文件，并以写方式打开	+	以修改方式打开，支持读写
a	追加方式，写入数据追加到原内容后面		

最后三个模式"b""t""+"是修饰符，添加在"r""a"的后面。例如，"rb"表示以只读方式打开一个二进制文件，"r+"表示以修改方式打开一个文本文件，"rb+"表示以修改方式打开一个二进制文件。例如：

```
f = open('datafile.txt', 'w')
```

2）写入文件

向文件中写入数据，使用文件对象的 write()方法，参数为要写入文件的字符串。例如：

```
f.write('some data')
```

3）关闭文件

关闭使用文件对象的 close()方法。例如：

```
f.close()
```

例 4-1：打开文件并写入数据。

```
filename = 'INFO.txt'
f=open(filename,'w')      #清空原文件数据，文件不存在则创建新文件
f.write("I am ZhangSanFeng.\n")
f.write("I am now studying in ECNU.\n")
f.close()
```

程序所处理的 INFO.txt 文件并不存在，于是在运行过程中，程序在当前目录新建了一个 INFO.txt 文件，并写入两行数据作为文件内容。

文件的读写也会产生错误，例如，读取一个不存在的文件或者没有正常关闭的文件，会产生 IOError 错误。为了避免此类问题，可以使用 try…finally 语句，不过更方便的是使用 Python 提供的 with 语句。

使用 with 语句打开文件时，不必调用 f.close()方法就能自动关闭文件。即使文件读取出错，也保证关闭文件。使用 with 语句访问文件，代码更简洁，能获得更好的异常处理。

例 4-2：使用 with 语句打开文件。

```
with open('INFO.txt','a') as f:          #'a'表示添加数据，不清除原数据
    f.write("I major in Computer Vision.\n")
```

4.1.2 读取文件内容

文件对象中也提供了读取文件的方法，包括 read()、readline()、readlines()等方法。其功能分别如下。

- **file.read([count])**：读文件，默认读入整个文件内容。如果设置了参数 count，则从当前位置开始读取 count 个字节，返回值为字符串。
- **file.readline()**：从当前位置开始，读取文件中的一行，返回值为字符串。
- **file.readlines()**：从当前位置开始读取文件的所有行，返回值为列表，每行为列表的一项。

同时，也可以使用 for 循环对文件对象进行遍历。对于不同的读取文件方法，在实际使用时，可以根据需要选择合适的读取文件方式。

例 4-3：read()函数读取整个文件。

```
with open("INFO.txt" ,encoding='UTF-8') as f:   #只读模式,UTF-8 编码
    ct5 = f.read(5)                              #读 5 个字符
    print(ct5)
    print('======')
    contents = f.read()                          #从当前位置,读文件全部内容
    print(contents)
```

有时读取的数据具有特殊字符或需要去掉的空格，如\n(换行)、\r(回车)、\t(制表符)、' '(空格)等，可以使用 Python 提供的函数去除头尾不需要的字符。常用的去空白符函数如下。

- **strip()**：去除头、尾的字符和空白符。
- **lstrip()**：用来去除开头字符、空白符。
- **rstrip()**：用来去除结尾字符、空白符。

例 4-4：使用 readline()函数逐行读取。

```
with open('data.txt') as f:
    line1 = f.readline()     #读取第一行数据(此时已经指向第一行末尾)
    line2 = f.readline()     #从上一次读取末尾开始读取(第二行)
    print(line1)
    print(line2)
    print(line1.strip())
    print(line2.strip())
    print(line1.split())
```

例 4-5：使用 readlines()一次读取多行。

```
with open('data.txt') as f:
    lines = f.readlines()      #文件数据读到一个列表,每个元素对应一行
print(lines)                   #每一行数据都包含换行符
print('================================')
for line in lines:
    print(line.rstrip())       #使用 rstrip()处理空格
```

例 4-6：使用 for 循环逐行读取文件。

```
#逐行读取
with open('data.txt') as f:
    for lineData in f:
        print(lineData.rstrip())            #去掉每行末尾的换行符
```

4.1.3　将数据写入文件

如果需要对文件写入数据，打开方式需要选择“w”（写入）或者“a”（追加）模式，才能对文件内容进行改写或添加。写入文件可以使用 Python 提供的 write()方法。write()方法的语法如下。

```
fileObject.write(byte)
```

其中，参数 byte 为待写入文件的字符串或字节。

例 4-7：新建文本文件并写入内容。

```
filename = 'write_data.txt'
with open(filename,'w') as f:          #'w'表示写数据，会清空原文件
    f.write("I am ZhangSanFeng.\n")
    f.write("I am now studying in ECNU.\n")
```

例 4-8：向文件中追加数据。

```
with open(filename,'a') as f:          #'a'表示追加数据，不清除原数据
    f.write("I major in Computer Vision.\n")
```

在访问文件时，文件指针用来记录当前所处的文件位置。例如，readline()每运行一次，指针下移一行。而 read()函数运行之后，再进行读取会发现读不到内容。这是由于 read()运行之后，文件指针已到达文件末尾。此时，从文件末尾开始读文件，就没有内容可供读取。

如果需要手动调整文件指针的位置，可以使用 seek()函数。seek()函数格式如下。

```
fileObject.seek(offset[, whence])
```

- offset 表示偏移量，是从指定位置开始，需要移动的字节数。
- whence 代表指定的位置，是可选参数，代表 offset 的起始点，默认值为 0。值为 0 代表文件头，1 代表当前位置，2 代表文件末尾。

例如：

seek(0)：表示指针回到文件头。

seek(2)：表示指针到达文件末尾。

seek(num,0)：表示指针从文件头开始，移动 num 个字节。

例 4-9：读取 IMDB 互联网电影数据集。

本例中使用的是著名的互联网电影数据集（Internet Movie Database，IMDB），是一个关于电影演员、电影、电视节目、电视明星和电影制作的在线数据库。IMDB 的资料中包括影片的众多信息，包括演员、片长、内容介绍、分级、评论等，如图 4-1 所示。对于电影的评分目前使用最多的就是 IMDB 评分。

图4-1 来自IMDB网站的*Toy Story*电影信息

IMDB300数据集是我们选取的300部用户对电影的评分数据，下面编写程序读取IMDB300.txt文件，输出300部电影的评分信息。代码如下。

```
filmlist=[]
file=open('score.txt','r',encoding='UTF-8')
print('编号|\t电影名称\t|\t用户年龄\t|\t用户职业\t|\t评分\t|')
while True:
    line=file.readline().split('\t')
    if line==['']:
        break
    else: print(line[0],'|\t',line[5],'|\t',line[2],'|\t',line[3],'|\t',line[7])
        filmlist.append(line)
print('='*100)
film=input('请输入要查看的电影评分: ')
print('|\t电影名\t|\t评分\t|')
if film !='':
    for fm in filmlist:
        #print(fm)
        if fm[5].find(film)>=0:
            print('|\t',fm[5],'\t|\t',fm[7],'\t|')
```

运行效果如图4-2所示。

当输入关键词"Lost"时，可以从列表中搜索出所有电影名中包含"Lost"的电影评分数据。

```
编号|    电影名称        |          用户年龄          |          用户职业          |          评分    |
1 |     Kolya (1996) |  49 |    writer |           3
2 |     L.A. Confidential (1997) |         39 |    executive |      3
3 |     Heavyweights (1994) |  25 |    writer |         1
4 |     Legends of the Fall (1994) |   28 |    technician |      2
5 |     Jackie Brown (1997) |  47 |    educator |        1
6 |     Dr. Strangelove or: How I Learned to Stop Worrying and Love the Bomb (1963) |  44 |    executive |    4
7 |     "Hunt for Red October, The (1990)" |    31 |    engineer |      2
8 |     "Jungle Book, The (1994)" |   26 |    librarian |     5
9 |     Grease (1978) |         23 |    programmer |    3
10 |    "Remains of the Day, The (1993)" |   42 |    executive |     3
11 |    Men in Black (1997) |  27 |    administrator |        2
12 |    Romy and Michele's High School Reunion (1997) |         27 |    student |       5
13 |    Star Trek: First Contact (1996) |    40 |    programmer |    5
14 |    "To Wong Foo, Thanks for Everything! Julie Newmar (1995)" |    39 |    engineer |      3
15 |    Batman Forever (1995) |         31 |    educator |      3
16 |    Only You (1994) |        19 |    student |       3
```

```
299 |     Twister (1996) |          29 |    programmer |    4
300 |     Murder at 1600 (1997) |          42 |    educator |      2
================================================================
请输入要查看的电影评分：Lost
|          电影名   |          评分       |
|     "City of Lost Children, The (1995)"     |        4       |
|     Raiders of the Lost Ark (1981)          |        5       |
|     "City of Lost Children, The (1995)"     |        4       |
|     Raiders of the Lost Ark (1981)          |        5       |
```

图 4-2　输出电影评分信息

4.1.4　习题与实践

1. 填空题

(1) 使用文件名“F:\python\system.ini” 访问文件，这是(相对/绝对)________路径。

(2) 在使用 open()方法打开文件时，如果是只读取文件内容，则可以将参数 mode 的值设置为________。

(3) 访问二进制文件时，需要将参数 mode 的值设置为________。

(4) 使用 file.readline()方法读取文件时，返回值为________类型。

(5) 使用 file.readlines()方法读取文件时，返回值为________类型。

2. 选择题

(1) 当程序中需要使用大量数据时，最好将数据存储为(　　)。

A. 列表　　B. 集合　　C. 字典　　D. 文件

(2) 下列说法正确的是(　　)。

A. 使用 read()函数读取文件后，可以不必调用 close()方法

B. 使用 write()函数写入文件后，可以不必调用 close()方法

C. 使用 open()语句打开文件后，可以不必调用 close()方法

D. 使用 with open()语句打开文件后，可以不必调用 close()方法

4.2　数据预处理

因为目前的互联网数据大多是通过用户行为采集，数据在采集过程中可能会出现乱码或者缺失值。数据是否有缺失值、乱码等是评判数据质量的关键因素。尤其是数据挖掘和数据分析过程中要进行数据的乘除或者是矩阵的分解等计算时，如果数据质量不高，或有缺失值、乱码等出现，就会影响结果或出现运算错误，这样的数据就是通常说的“脏”数据，需要

进行数据预处理。

4.2.1 数据探查

数据清洗就是数据预处理的一种方法。数据清洗是一系列操作，也简称为 ETL 操作，即从数据源中抽取（Extract）、并进行数据转换（Transform）、再将数据加载（Load）至分析工具三个过程。数据清洗是一项艰巨而复杂的工作。对乱码和缺失的数据进行预处理后，能提高后期算法的运行效率，保障数据处理结果的正确。

在数据分析之前还需要对数据质量进行数据探查，为下一步的分析做准备，提前暴露一些可能出现的问题。

数据探查可以帮助数据分析人员更好地理解数据，提前把控数据质量，规避风险。当然，数据探查还有很多工作可以做，如了解数据的方差、标准差、最大值、最小值等，这些指标都对后续的特征工程及算法调试等起指导作用。

数据分析之前需要进行数据获取到数据探查的操作，常见操作包括搜集数据、数据预处理等。

4.2.2 搜集数据

数据中蕴含所要提取和处理的信息，因此数据至关重要，所搜集数据的数量和质量都将决定最终结果的好坏。

数据搜集有很多方法，例如，网络下载、调查问卷、实地测量、实验记录等。可以根据实际问题进行选择。

实际处理中，获取的数据大都存在问题，无法直接使用，需要进行预处理，例如，空值处理、归一化等。如表 4-2 中，系统共采集了 8 只猫的生物信息，字段 No 表示编号；字段 Lwsk 表示胡须长，单位是 mm；Lear 代表耳朵长度，单位是 mm；Color 表示毛色；Weight 字段是体重，单位是 g。其中，2 号猫的胡须长度为空值，是一个缺失值，可以进行删除等处理。

表 4-2 猫的特征信息数据

No	Lwsk	Lear	Color	Weight
1	34	82	Black	3520
2	-	63	Brown	4490
3	45	90	Black	2480
4	28	91	Black	4030
5	37	59	Yellow	8000
6	39	52	Brown	6130
7	48	52	White	5310
8	47	49	Brown	5280

另外，从表中还可以看出猫的胡须长、耳长的数值范围为 30～63，而体重的数值范围是几千。体重与前两列数值的尺度不同，无法对比。如果绘制在同一幅图表中，相对位置也很

难给出。

4.2.3　数据预处理的方法

如果把数据分析看成做一道菜的话,数据预处理就是选择和清洗蔬菜的过程,这一步没做好会影响整个菜品的口感。数据预处理的目的是把数据集调整为干扰最小的结构,以便提高最终的分析效果。数据预处理还包括数据类型处理。由于不同算法对数据类型有不同要求,存储数据时需要设置数据类型,如整型、字符型、浮点类型等。例如,文本分析需要的数据源是字符型数据,而数据统计和分析则一般使用数值类型数据。

常见的预处理方法有采样、去噪、数据标准化、数据过滤、数据分组等。

1. 采样

采样就是按照某种规则从数据集中挑选样本数据。通常的应用场景是数据样本过大,为了节约计算资源,根据需要只抽取少部分样本来进行处理,在特定条件下还会提升实验效果。

随机采样是最常用的也是最容易实现的一种采样方法,其操作方法是从被采样数据集中随机抽取特定数量的数据。随机采样通常需要指定所需样本数据的数量。

例 4-10:对电影评分 IMDB300 数据集进行随机采样,抽取 50 条电影数据。

分析:random 模块的 sample()函数中提供了随机采样功能,可以使用 sample 随机抽取 50 条数据。素材文件为 score.txt。

代码如下。

```
import random
indexList=[]               #电影编号列表
filmList=[]                #电影列表
file=open('score.txt','r',encoding='UTF-8')
while True:
    line=file.readline().split('\t')
    if line==['']:
        break
    else:
        filmList.append(line)
indexList=random.sample(filmList, k=50)
print(indexList)
```

系统采样又称为等距采样,即先将总体的观察单位按某一顺序号分成 n 个部分,依次用相等间距,从每一部分中各抽取一个样本。系统采样通常用于按照一定顺序排列好的数据。例如,调查一个年级每个班级学生的体育素质,但时间有限,只能抽样几名同学来做调查。于是可以选取每个班的进门靠墙位置的第 1 名同学来做调研,这就是一种系统采样处理。相比于随机采样法,系统采样法更照顾了数据集的每个小分类中的样本集。

2. 数据分组

数据分组也称为数据分区,是指根据数据分析对象的特征,按照一定的数值指标,把数据分析对象划分为不同的区间部分来进行研究,以揭示其内在的联系和规律性。

例如,将观看电影的用户按照年龄划分成组,由于用户的年龄各不相同,在预处理时,可以将用户划分成四个年龄组,分别是:0～25 岁、26～40 岁、41～55 岁、56 岁以上。这样用户年龄层次也可以作为一个重要指标进行考察。

3. 数据标准化

在数据分析之前,通常需要先将数据标准化,再利用标准化后的数据进行数据分析。

数据标准化处理主要包括数据同趋化处理和无量纲化处理两种。数据同趋化处理主要解决不同性质数据问题,使所有数据指标具有相同特性。数据无量纲化处理主要解决数据的可比性,让不同数量级的数据具备可比性,常用的有“最小-最大标准化”、“Z-score 标准化”和“归一标准化”等。消除不同量纲单位带来的数据偏差,使各数据指标处于同一数量级,适合进行综合对比评价。

归一化是一种数据标准化方法,通过对数据进行处理,将数值限制在一定范围内,通常是将数据范围调整到[0,1]。

例如,对数值 x 进行归一化处理,可以使用本列数据(同一特征的数据)的最大、最小值进行转换,计算方法为:

$$(x-\text{最小值})/(\text{最大值}-\text{最小值})$$

下面对表 4-2 中的猫数据集进行归一化处理,其中,1 号猫的体重为 $x=3520\text{g}$。接下来观察所有猫的体重数据,得到最小值为 2480g,最大值为 8000g,进行归一化处理可以得到 1 号猫的新体重数值 w':

$$w'=(3520-2480)/(8000-2480)\approx 0.18841$$

类似地,还可以计算出 1 号猫的胡须长数据归一化结果 l':

$$l'=(34-28)/(48-28)=0.3$$

可以看出,归一化后的数据在同一数量级,更方便对比。下面使用程序对猫数据集进行归一化处理。

在数据分析中,为方便使用,数据往往存储在 CSV 格式文件中,这时可以使用 pandas 的 read_csv()函数读取 CSV 格式文件。read_csv()函数的格式如下。

```
pd.read_csv(filepath_or_buffer,sep,header,encoding,index_col,columns,…)
```

该函数有二十多个参数,主要参数如下。

- filepath_or_buffer:字符型,代表文件名或数据对象的路径,也可以是 URL。
- sep:字符型,数据的分隔符。read_csv()函数中默认是逗号,在 read_table()函数中默认是 tab 空格。
- header:整型或整数列表,默认为 None,代表列名的行号或数据的起始行。Pandas 读文件时默认第一行为关键字行。如果数据没有关键字,需要将 header 设置为 None。
- encoding:字符型,可选参数,注明数据的编码,默认为 utf-8。
- index_col:整数,默认为 None,指定行索引的列号。

例 4-11:使用素材文件 CatInfo.csv,对猫数据集的数据进行归一化处理。

提示:使用 read_csv()函数读取文件,将每一行中的数据逐个归一化处理后,存放到新列表中。

```
import pandas as pd
def MaxMinNormalization(x):
    shapeX = x.shape
    rows = shapeX[0]       #行数
    cols = shapeX[1]       #列数
    headers=list(x)        #Header 行
    result =pd.DataFrame(columns=headers)     #存放结果的空 DataFrame
    for i in range(0,rows,1):
        dict1={}                              #存放每一行结果的字典
        dict1[headers[0]]=i
        for j in range(1,cols,1):
            maxCol=x[headers[j]].max()        #j 列最大值
            minCol=x[headers[j]].min()        #j 列最小值
            val= (x.iloc[i,j]- minCol)/(maxCol-minCol)  #i 行 j 列数据的归一化结果
            dict1[headers[j]]=val
        result=result.append(dict1,ignore_index=True)  #把 i 行结果添加到 result
    return result

data1 = pd.read_csv('CatInfo.csv')
print('original data:\n',data1)
newData=MaxMinNormalization(data1)
print('Normalized data:\n',newData)
```

运行结果如图 4-3 所示。

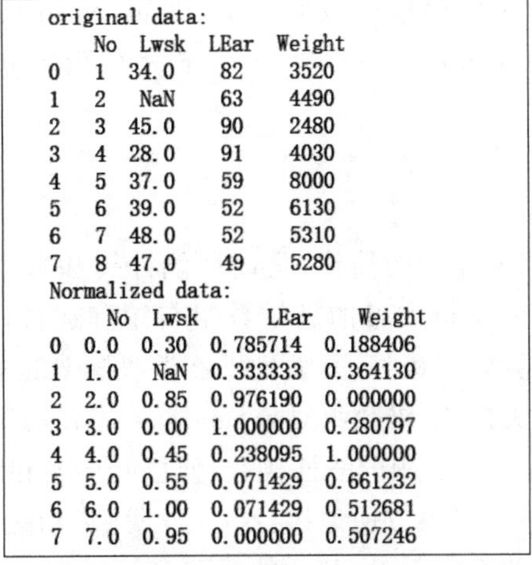

```
original data:
   No  Lwsk  LEar  Weight
0   1  34.0    82    3520
1   2   NaN    63    4490
2   3  45.0    90    2480
3   4  28.0    91    4030
4   5  37.0    59    8000
5   6  39.0    52    6130
6   7  48.0    52    5310
7   8  47.0    49    5280
Normalized data:
    No  Lwsk      LEar    Weight
0  0.0  0.30  0.785714  0.188406
1  1.0   NaN  0.333333  0.364130
2  2.0  0.85  0.976190  0.000000
3  3.0  0.00  1.000000  0.280797
4  4.0  0.45  0.238095  1.000000
5  5.0  0.55  0.071429  0.661232
6  6.0  1.00  0.071429  0.512681
7  7.0  0.95  0.000000  0.507246
```

图 4-3　数据归一化处理

4.2.4　习题与实践

1. 填空题

(1) 数据清洗是一系列操作，即从数据源抽取、转换、加载的过程，简称为________操作。

(2) 有时不需要使用全部数据，而是按照某种规则从数据集中挑选部分样本数据，此操作称为________。

(3) ________是根据数据特征,按照数值把数据划分为不同的区间,即划分成不同的群体。

(4) ________是一种数据标准化方法,通过对数据进行处理,通常将数据范围调整到[0,1]。

2. 选择题

(1) 下列是等距采样的是(　　)。

A. 从1000名学生中随机选择50名进行运动测试分析

B. 选取50名身高最高的学生进行运动测试分析

C. 选取学号末尾为7的学生进行运动测试分析

D. 选取每个班级跑步最快的10位学生进行运动测试分析

(2) 下列说法正确的是(　　)。

A. 乱码和缺失数据不影响分析结果

B. 乱码和缺失数据需要使用随机数填写

C. 乱码和缺失数据需要进行归一化处理

D. 乱码和缺失数据需要进行数据清洗处理

4.3 Python数值统计

Python是一门优秀的编程语言,包含强大的数据分析、数据计算等扩展模块。正是这些扩展模块让Python可以快捷地进行数据分析,例如,NumPy、SciPy、Pandas、Matplotlib等。再结合Python强大的爬虫数据获取能力、字符串处理等能力,使Python成为广被使用的数据分析利器。

4.3.1 NumPy

NumPy是Numerical Python的简称,是高性能计算和数据分析的基础包,是Python的一个重要扩充库。NumPy支持大量的高维数组与矩阵运算,也针对数组运算提供大量的数学函数库。NumPy运算效率极好,是大量机器学习框架的基础库。

NumPy主要基于其强大的*N*维数组对象ndarray、丰富的数学函数库、整合C/C++和FORTRAN代码的工具包,以及实用的线性代数、傅里叶变换和随机数生成函数。

使用NumPy,开发人员可以很方便地执行数组运算、逻辑运算、傅里叶变换和图形图像操作。NumPy数组的运算效率优于Python的标准List类型。而且使用NumPy可以在代码中省去很多烦琐的处理语句,代码更为简洁。

研究人员经常将NumPy和稀疏矩阵运算包SciPy(Scientific Python)配合使用,解决矩阵运算问题。将NumPy与SciPy、Matplotlib绘图库相组合是一个流行的计算框架,这个组合可以作为MATLAB的替代方案。

4.3.2 ndarray对象

NumPy的强大功能主要基于底层的一个ndarray结构,其可以生成*N*维数组对象。

ndarray对象是一系列同类型数据的集合,下标索引从0开始,是一个用于存放同类型元素的多维数组。ndarray 中的每个元素在内存中都具有相同大小的存储区域。与 Python 中的其他容器对象一样，ndarray 可以通过对数组建立索引或切片来访问数组内容，也可以使用 ndarray 的方法和属性来访问和修改 ndarray 内容。

1. ndarray 的内部结构

相对标准的数组，ndarray 本质上是一个数据结构。ndarray 内部主要由以下内容构成。

(1) 数组形状 shape：是一个表示数组各维大小的整数元组。

(2) 数组数据 data：一个指向内存中数据的指针。

(3) 数据类型 dtype：是一个描述数组的类型对象。对象类型为 NumPy 内置的 24 种数组标量类型中的一种。

(4) 跨度 strides：一个元组，是当前维度的宽，表示当前维度移动到下一个位置需要跨越的字节数。跨度可以是负数，这样会使数组在内存中向后移动。

(5) 数组顺序 order：访问数组元素的主顺序，如"C"为行主序，"F"为列主序等。

如图 4-4 所示，ndarray 数组的 shape 属性为(2,4)，代表具有两行四列数据；属性 data 指向存放的数据；由于数组为整型，所以属性 dtype 为 np.int；从水平方向来看，当前维度的宽度为 4，所以跨度 strides 的值为 4；从 order 的值为"C"可以得出，数据的主顺序为行方向(水平方向)。

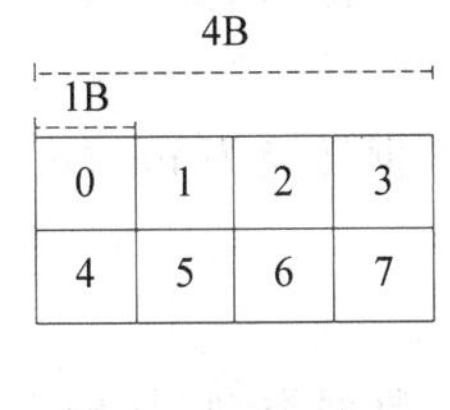

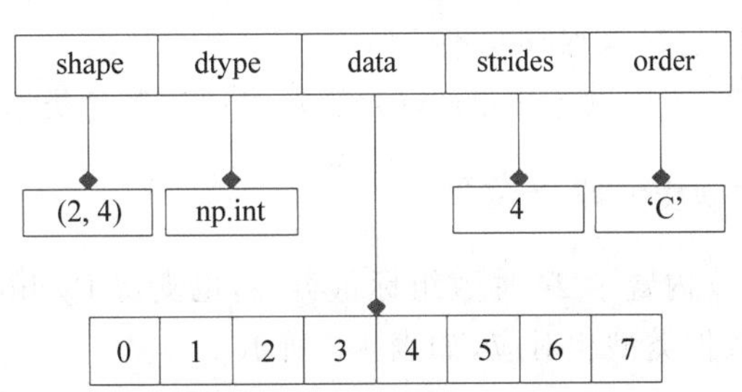

图 4-4　ndarray 的数据结构

2. 创建 ndarray

在 NumPy 模块中，提供了 ndarray() 和 array() 两个函数，都可以用来建立一个 ndarray。不过 ndarray()函数属于底层方法，一般情况下，建立数组使用的是更为便捷的 array()函数，其一般格式为：

```
numpy.array(object, dtype = None, copy = True, order = None, subok = False, ndmin = 0)
```

主要参数说明如下。

- object：数组或嵌套的数列。
- dtype：数组元素的数据类型，可选。
- order：创建数组的样式，C 为行方向，F 为列方向，A 为任意方向(默认)。
- ndimin：指定所生成数组应具有的最小维度。

例 **4-12**：建立一个一维 ndarray 数组。

```
import numpy as np
a = np.array([1,2,3])
print(a)
```

例 4-13：创建二维数组。

```
import numpy as np
a = np.array([[1,2], [3,4]])
print(a)
```

例 4-14：使用 ndmin 参数设置数组的最小维度。

```
import numpy as np
a = np.array([1,2,3,4,5], ndmin=2)
print(a)
```

例 4-15：使用 dtype 参数设置数组类型为复数。

```
import numpy as np
a = np.array([1,2,3], dtype = np.complex)
print(a)
```

在内存中，ndarray 对象存放形式是连续的一维数列。在访问时，通过获取内存块中的对应元素位置。内存块以行顺序（C 语言样式）或列顺序（F 样式，即 FORTRAN 或 MATLAB 风格）来保存元素。

NumPy 还提供了 asarray()函数，可以将其他类型的结构数据转换为 ndarray。

4.3.3 NumPy 数据类型

NumPy 内置了 24 种数组标量类型，也支持 Python 的基本数据类型，某种程度可以和 C 语言的数据类型相对应，如表 4-3 所示。

表 4-3 NumPy 的基本数据类型

名 称	描 述
bool_	布尔型，True 或 False
int8	有符号字节类型，范围为 $-128\sim127$
int16	有符号 16 位整数，范围为 $-32\ 768\sim32\ 767$
int32	有符号 32 位整数，范围为 $-2^{31}\sim2^{31}-1$
int64	有符号 64 位整数，范围为 $-2^{63}\sim2^{63}-1$
uint8	无符号字节类型，范围为 $0\sim255$
uint16	无符号 16 位整数，范围为 $0\sim65\ 535$
uint32	无符号 32 位整数，范围为 $0\sim2^{32}-1$
uint64	无符号 64 位整数，范围为 $0\sim2^{64}-1$

续表

名　称	描　　述
float_	64 位浮点数，同 float64
float16	16 位浮点数
float32	32 位浮点数
float64	64 位(双精度)浮点数，同 float_
complex_	128 位复数，同 complex128
complex64	64 位复数
complex128	128 位复数，同 complex_

对于每一种数据类型，NumPy 还提供了同名的类型函数，例如，float16()、int32()等。可以用来创建该类型的数据对象，也可以用来转换数据对象的数据类型。

例 **4-16**：NumPy 的数据类型使用。

```
import numpy as np
x=np.float32(5)
print('x 为:',x)
print('x 对象的 data 属性: ',x.data)
print('x 对象的 size 属性: ',x.size)
print('x 对象的维数: ',x.ndim)
y=np.bool_(x)
print('转换为 bool 类型的 x 为: ',y)
z=np.float16(y)
print('True 值转换为 float16 类型为: ',z)
```

上面的函数能够设置、修改对象数据类型。不过通常情况下，建议使用 NumPy 中的 dtype 对象指定数据类型。

1. 数据类型对象

NumPy 中的 dtype 是由 numpy.dtype 类产生的数据类型对象，其作用是描述数组元素对应的内存区域的各部分的使用。其内部结构包括数据类型、数据的字节数、各组成部分的顺序、各字段的名称等。

构造 dtype 对象的语法为：

```
numpy.dtype(object, align, copy)
```

主要参数如下。

- object：要转换为 dtype 对象的数据对象。
- align：如果为 true，填充字段使其类似 C 的结构体。
- copy：复制 dtype 对象，如果为 False，则是对内置数据类型对象的引用。

如果使用 dtype 对象设置数据类型，可以将上面例 4-16 做如下修改。

例 **4-17**：使用 dtype 对象设置数据类型。

```
import numpy as np
x=np.array(5,dtype="float32")
print('x为:',x)
print('x对象的data属性: ',x.data)
print('x对象的size属性: ',x.size)
print('x对象的维数: ',x.ndim)
y=np.array(x,dtype="bool_")
print('转换为bool类型的x为: ',y)
z=np.array(y,dtype="float16")
print('True值转换为float16类型为: ',z)
```

有些数据类型有简写，例如，int8、int16、int32和int64四种数据类型可以使用字符串"i1""i2""i4""i8"简写代替。

例如：使用"i4"字符代替int32类型。

```
import numpy as np
dt = np.dtype('i4')
print(dt)
```

2. 使用astype修改数据类型

数组建立之后也可以修改数组的数据类型，使用NumPy中数组对象的astype()方法，其格式为：

```
array.astype(dtype,order='K',casting='unsafe',subok=True,copy=True)
```

例如，将y设置成float32类型，可以用：

```
y=y.astype("float32")
```

或者：

```
y=y.astype(np.float32)
```

另外，使用NumPy数组的astype()方法还可以把Python的数据类型映射给dtype类型，如语句x=x.astype(float)与x=x.astype(np.float)运行结果相同。

表4-4中是常用Python对象与NumPy的dtype对象对应表，其他数据类型没有与Python等效的数据类型。

表4-4 Python类型与dtype类型对象对应关系

Python类型对象	dtype对象	Python类型对象	dtype对象
int	numpy.int_	float	numpy.float_
bool	numpy.bool_	complex	numpy.complex_

4.3.4 NumPy数组属性

1. 常用术语

(1) 轴：每一个线性数组称为一个轴，轴即数组的维度。例如，将二维数组看作一维数组，此一维数组中每个元素又是一个一维数组。每个一维数组是 NumPy 中的一个轴。第一个轴相当于底层数组，第二个轴是底层数组中的数组。

(2) 秩：秩描述 NumPy 数组的维数，即轴的数量。一维数组的秩为 1，二维数组的秩为 2，以此类推。

例如，[0,1,2]是一维数组，只有一个轴，其秩为 1，轴长度为 3。[[0,1,2],[3,4,5]]是一个二维数组，数组的秩为 2，具有两个轴，其中第一个轴（维度）的长度为 2，第二个轴（维度）的长度为 3。

在使用的时候可以声明 axis。如果 axis＝0，表示按第 0 轴方向操作，即对每一列进行操作；axis＝1，表示按第 1 轴方向操作，即对每一行进行操作。

例 **4-18**：使用 axis 参数设置当前轴。

```
import numpy as np
arr=np.array([[0,1,2],[3,4,5]])
print(arr)
print(arr.sum(axis=0))
print(arr.sum(axis=1))
```

运行结果如图 4-5 所示。

```
[[0 1 2]
 [3 4 5]]
[3 5 7]
[ 3 12]
```

图 4-5 使用 axis 参数设置当前轴

在这个程序中，首先使用 arr.sum(axis＝0)进行垂直（列）方向的加和计算，然后使用 arr.sum(axis＝1)沿行方向计算。

2. 基本属性

NumPy 的 ndarray 数组具有属性，可以获得数组的信息，常见属性见表 4-5。

表 4-5 常见的 ndarray 对象属性

属 性	说 明	属 性	说 明
ndarray.ndim	秩，轴的数量	ndarray.dtype	数组元素类型
ndarray.shape	数组的维度	ndarray.itemsize	每个元素的大小(B)
ndarray.size	数组元素的总个数	ndarray.data	实际数组元素

1) ndarry.ndim

在 NumPy 中 ndarry.ndim 返回这个数组的维数，等于秩 rank。reshape()函数可以将数组变形重构，调整数组各维度的大小。

reshape()的格式：

```
numpy.reshape(a,newshape,order='C')
```

例 **4-19**：使用 reshape()函数调整数组形状。

```
import numpy as np
arr=np.array([0, 1, 2, 3, 4, 5, 6, 7])
#显示数组 arr 的 rank,
print('秩为: ',arr.ndim)
arr3D = arr.reshape(2,2,2)
```

```
print(arr3D)
print ('秩为: ',arr3D.ndim)
```

显示结果如图 4-6 所示。

```
秩为: 1
[[[0 1]
  [2 3]]

 [[4 5]
  [6 7]]]
秩为: 3
```

图 4-6 调整数组形状

2) ndarray.shape

代表数组的维度,返回值为一个元组,这个元组的长度就是数组的 ndim(秩)属性。另外,也可以通过修改 ndarray.shape 属性调整数组结构。

例 **4-20**:显示数组的维度。

```
import numpy as np
a = np.array([[1,2,3],[4,5,6]])
print (a.shape)
```

例 **4-21**:调整数组结构。

```
import numpy as np
a = np.array([[1,2,3],[4,5,6]])
a.shape =  (3,2)
print (a)
```

3) 数据类型 dtype

数据类型对象 dtype 是一个特殊的对象,包含 ndarray 将一块内存解析成特定数据类型所必需的信息。

例 **4-22**:dtype 数据类型对象。

```
myArr=np.array([1,2,3],dtype=np.float64)
myArr.dtype
```

运行结果如图 4-7 所示。

```
dtype('float64')
```

图 4-7 dtype 数据类型对象

4.3.5 其他创建数组的方式

创建 ndarray 数组,可以使用 array()函数来构造。此外,还有其他几种方式,可以用来创建特殊数组。

1. numpy.empty

NumPy 的 empty()函数能创建一个指定形状(shape)、数据类型(dtype)的空数组。这个数组没有经过初始化,其内容为空,表 4-6 为创建空数组的参数。

表 4-6　创建 empty 数组的参数

参　数	描　　述
shape	数组形状
dtype	数据类型,可选
order	有'C'和'F'两个选项,分别代表行优先和列优先,表示元素在内存中存储的顺序

格式:

```
numpy.empty(shape, dtype = float, order = 'C')
```

例 4-23:创建一个空数组。

```
import numpy as np
x = np.empty([3,2], dtype = int)
print (x)
```

运行后得到数组元素值是不确定的,因为所用空间未初始化。

2. numpy.zeros

有时需要创建全 0 填充的数组,可以使用 NumPy 的 zeros()函数,参数见表 4-7。

表 4-7　创建 zeros 数组的参数

参　数	描　　述
shape	数组形状
dtype	数据类型,可选
order	'C'用于行优先的数组,'F'用于列优先的数组

格式:

```
numpy.zeros(shape, dtype = float, order = 'C')
```

例 4-24:创建一个全 0 数组。

```
import numpy as np
#默认为浮点数
x = np.zeros(5)
print(x)
#设置类型为整数
y = np.zeros((5,), dtype = np.int)
print(y)
#自定义类型
z = np.zeros((2,2), dtype = [('x', 'i4'), ('y', 'i4')])
print(z)
```

3. numpy.ones

有时需要一个以 1 填充的数组,这时可以使用 NumPy 专门提供的 ones()函数来创建。函数形式:

```
numpy.ones(shape, dtype=None, order='C')
```

例 **4-25**：建立一个全 1 数组。

```
import numpy as np
#默认为浮点数
x = np.ones(5)
print(x)
#自定义类型
x = np.ones([2,2], dtype = int)
print(x)
```

4. 产生数列的函数

在进行科学运算时，经常用到基本的简单数列，如从 1 到 50 等。Python 中提供了 range()函数。NumPy 中也有类似的函数，如 arange()、linspace()函数等。

1）range 函数

Python 内置的 range()函数可以创建一维数组，指定开始值、终值和步长。注意数组不包括终值。

函数形式：

```
range(start, stop [,step])
```

生成一个数组，从 start 开始，到 stop－1 结束，间隔为 step。默认情况下从 0 开始。step 默认为 1，需要是整数。

例如：

```
arr1=range(0,5,1)
```

2）arange()函数

NumPy 的 arange()函数功能与 range()函数类似，在 start 开始到 stop 范围内，生成一个 ndarray 数组。

函数形式：

```
arange([start,] stop [, step,], dtype=None)
```

例 **4-26**：生成 3～9、步长为 0.2 的数组。

```
import numpy as np
arr2=np.arange(3,9,0.2)
arr2
```

运行结果如图 4-8 所示。

```
array([3. , 3.2, 3.4, 3.6, 3.8, 4. , 4.2, 4.4, 4.6, 4.8, 5. , 5.2, 5.4,
       5.6, 5.8, 6. , 6.2, 6.4, 6.6, 6.8, 7. , 7.2, 7.4, 7.6, 7.8, 8. ,
       8.2, 8.4, 8.6, 8.8])
```

图 4-8 生成数组

3）linspace()函数

函数形式：

```
numpy.linspace( start, stop, num=50, endpoint=True, retstep=False, dtype=None)
```

其中，start 为序列的起始值，stop 为结束值，num 是生成的样本数。

例 **4-27**：生成 1～5 的 10 个数。

```
import numpy as np
arr3=np.linspace(1, 5, 10)
arr3
```

运行结果如图 4-9 所示。

```
array([1.        , 1.44444444, 1.88888889, 2.33333333, 2.77777778,
       3.22222222, 3.66666667, 4.11111111, 4.55555556, 5.        ])
```

图 **4-9**　生成 **10** 个数

5. 使用随机函数创建数组

除了简单的顺序数列，NumPy 还在 random 子模块中提供了随机函数，常见的随机函数见表 4-8。

表 **4-8**　常用的 **NumPy** 随机函数

函　　数	描　　述
rand(d0,d1,…,dn)	随机产生指定维度的浮点数组
randint(low[,high,size,dtype])	随机产生[low,high)范围内的整数
random([size])	随机产生[0.0, 1.0) 范围内的浮点数
uniform(start,end,size)	随机产生一组[start,end)范围内的均匀分布的浮点数
normal (loc, scale, size)	基于给定的均值和方差，随机产生一组正态分布的浮点数

例 **4-28**：创建随机数组。

```
import numpy as np
#生成 2 行 3 列的随机浮点数组
np.random.rand(2,3)
#生成 2 行 2 列的随机整数数组
np.random.randint(0,10,(2,2))
#生成 2 行 3 列、正态分布的随机数组
np.random.uniform(1,2,(2,3))
```

6. 其他数据结构转换成 ndarray

NumPy 中，可以通过 array()函数将 Python 中常见的数值序列转换为 ndarray 数组。例如，List(列表)和 Tuple(元组)等。

例 **4-29**：List 类型转换成 ndarray。

```
import numpy as np
#构造一个 List 类型
data = [[2000, 'Ohino', 1.5],
        [2002, 'Ohino', 3.6],
        [2002, 'Nevada', 2.9]]
print(type(data))
#List to array
ndarr = np.array(data)
print(type(ndarr))
```

运行结果如图 4-10 所示。

```
<class 'list'>
<class 'numpy.ndarray'>
```

图 4-10 List 类型转换成 ndarray

4.3.6 切片、迭代和索引

切片是指对数据序列对象取一部分的操作，前面介绍过字符串、列表、元组都支持切片语法。ndarray 数组与其他数据序列类似，也可以进行索引、切片和迭代。

1. 切片

对 ndarray 进行切片操作与一维数组相同，用索引标记切片的起始和终止位置。因为 ndarray 可以是多维数组，在进行切片时，通常需要设定每个维度上的切片位置。

NumPy 还提供了一个 copy()方法，可以根据现有的 ndarray 数组创建新的 ndarray 数组。同时使用 copy()方法与切片，可以用原数组的一部分生成新数组。

例 **4-30**：二维 ndarray 的切片。

```
import numpy as np
#创建一个 4 行 6 列的二维数组
arr = np.arange(24).reshape(4, 6)
print('arr =\n',arr)
#截取第 2 行到最后一行，第 1 列到第 3 列构成的 ndarray
arr1 = arr[1:, :3]
print('B = \n',arr1)
```

运行结果如图 4-11 所示。

```
arr =
 [[ 0  1  2  3  4  5]
 [ 6  7  8  9 10 11]
 [12 13 14 15 16 17]
 [18 19 20 21 22 23]]
B =
 [[ 6  7  8]
 [12 13 14]
 [18 19 20]]
```

图 4-11 二维 ndarray 的切片

例 **4-31**：使用 numpy.copy()方法对 ndarray 数组进行切片复制。

```
import numpy as np
#创建一个 4 行 6 列的二维数组
arr = np.arange(24).reshape(4, 6)
print('arr =\n',arr)
#切片复制 arr 的第 2 行到第 4 行、第 1 列到第 3 列
arr2 = np.copy(arr[1:4, 0:3])
print('A = \n',arr2)
#复制 arr2 到 arr3
arr3 = arr2.copy()
print('B = \n',arr3)
```

2. 迭代

与其他数据序列类似，ndarray 也可以通过 for 循环来实现迭代。当维数多于一维时，迭代操作需要借助嵌套的 for 循环来进行。

迭代时，通常按照第一条轴（默认为行）对二维数组进行扫描。如果需要按其他维度迭代，可以使用 apply_along_axis(func，axis，arr)函数指定当前处理的轴。

此外，NumPy 还包含一个循环迭代器类 numpy.nditer，所生成的迭代器（Iterator）对象是一个根据位置进行遍历的对象。这是一个有效的多维迭代器对象，与 Python 内置的 iter()函数类似，每个数组元素可使用迭代器对象来访问，可以很方便地对数组进行遍历。

例 **4-32**：使用嵌套 for 循环对 ndarray 数组进行迭代遍历。

```
import numpy as np
a = np.arange(0,60,5)        #生成 0~ 60、步长为 5 的一维数组
a = a.reshape(3,4)           #将数组修改成 3 行 4 列二维数组
for xline in a:
    for yitem in xline:
        print(yitem,end=' ')
```

例 **4-33**：使用 nditer 对象对 ndarray 数组进行迭代。

```
import numpy as np
a = np.arange(0,60,5)
a = a.reshape(3,4)
print(a)
print(np.nditer(a))
for x in np.nditer(a):
    print(x,end=' ')
```

从结果可以看出，不同的迭代方式切分的粒度有所不同。另外，迭代的顺序与数组的内容布局相匹配，不受数据排序的影响。例如，对上述数组的转置进行迭代，可以发现，虽然数据的显示顺序发生了变化，但不影响迭代的顺序。

例 **4-34**：转置数组的迭代。

```
import numpy as np
a = np.arange(0,60,5)
a = a.reshape(3,4)
print(a)
b = a.T #使用 T 方法对 a 数组进行转置
print(b)
```

```
print('Iterator in a:')
for x in np.nditer(a):
    print(x,end='|')
print('\nIterator in a.T:')
for y in np.nditer(b):
    print(y,end='|')
```

运行结果如图 4-12 所示。

如果需要特定的顺序，可以设置显式参数，来强制 nditer 对象使用某种顺序，如下面的示例。

例 **4-35**：数组的访问顺序。

```
import numpy as np
a = np.arange(0,60,5)
a = a.reshape(3,4)
print(a)
print('C 风格的顺序：')
for x in np.nditer(a, order =  'C'):
    print(x,end='|')
print( '\n'  )
print( 'F 风格的顺序：' )
for y in np.nditer(a, order =  'F'):
    print(y,end='|')
```

运行结果如图 4-13 所示。

```
[[ 0  5 10 15]
 [20 25 30 35]
 [40 45 50 55]]
[[ 0 20 40]
 [ 5 25 45]
 [10 30 50]
 [15 35 55]]
Iterator in a:
0|5|10|15|20|25|30|35|40|45|50|55|
Iterator in a.T:
0|5|10|15|20|25|30|35|40|45|50|55|
```

图 4-12　转置数组的迭代

```
[[ 0  5 10 15]
 [20 25 30 35]
 [40 45 50 55]]
C风格的顺序：
0|5|10|15|20|25|30|35|40|45|50|55|

F风格的顺序：
0|20|40|5|25|45|10|30|50|15|35|55|
```

图 4-13　强制数组的访问顺序

4.3.7　NumPy 计算

NumPy 中的 ndarray 可以直接进行基本运算，包括条件运算、统计运算，以及基本数组运算等。

NumPy 提供了丰富的统计函数，常用统计函数如表 4-9 所示。

表 4-9　NumPy 的常用统计函数

函数	描　述	函数	描　述
argmax	求最大值的索引	mean	求算术平均值
argmin	求最小值的索引	min	求最小值
cumsum	从第一元素开始累加各元素	std	求数组元素沿给定轴的标准偏差
max	求最大值	Sum	求和

例 4-36：ndarray 的统计计算。

```
import numpy as np
stus_score = np.array([[80, 88], [82, 81], [84, 75], [86, 83], [75, 81]])
#求每一列的最大值(0 表示列)
result = np.amax(stus_score, axis=0)
print(result)
#求每一行的最大值(1 表示行)
result = np.amax(stus_score, axis=1)
print(result)
#求每一行的最小值(1 表示行)
result = np.amin(stus_score, axis=1)
print(result)
#求每一列的平均值(0 表示列)
result = np.mean(stus_score, axis=0)
print(result)
```

运行结果如图 4-14 所示。

```
[86 88]
[88 82 84 86 81]
[80 81 75 83 75]
[81.4 81.6]
```

图 4-14　ndarray 的统计计算

4.3.8　习题与实践

1. 填空题

(1) NumPy 的强大功能主要基于底层的一个 ________结构,其可以生成 N 维数组对象。

(2) NumPy 的________函数能创建一个指定形状、数据类型的空数组。

(3) 如果需要创建全 0 填充的数组,可以使用 NumPy 的________函数。

2. 选择题

(1) 下列关于 range()函数说法正确的是(　　)。

A. range()函数生成的数列包含初始值和终值

B. range()函数生成的数列包含初始值,不包含终值

C. range()函数生成的数列包含不包含初始值,包含终值

D. range()函数生成的数列包含不包含初始值和终值

(2) 下列说法正确的是(　　)。

A. range()函数能生成指定范围内的小数序列

B. arrange()函数能生成指定范围内的小数序列

C. empty()函数能生成指定范围内的小数序列

D. 以上说法都正确

第5章 数据分析与可视化

本章概要

当获得数据后，如果想从数据中挖掘出一些关键信息，就先要了解这份数据，即本节将要介绍的数据分析。在 Python 语言中，Pandas 是高性能计算和数据分析的基础包，在数据工程中已得到广泛应用。

而从数据中提取出来有吸引力的图表更是一件非常重要的事情，这就是数据可视化的工作。数据可视化是一个非常直观的查看数据手段。Matplotlib 是 Python 主要的科学绘图库，其功能为生成可发布的可视化内容，如折线图、直方图、散点图等。将数据及各种分析可视化，可以让用户产生深刻的理解。

本章将根据数据分析流程，依次介绍数据获取、数据预处理、数据分析的操作方法，并借助 Python 的 NumPy、Pandas、Matplotlib 等模块所提供的计算、分析、统计和绘图功能，来总体介绍实用数据分析和数据可视化方法。

学习目标

通过本章的学习，要求达到以下目标：

(1) 了解数据分析的目标。

(2) 掌握 Pandas 数据分析模块。

(3) 掌握 DataFrame 数据结构的使用。

(4) 掌握 Matplotlib 的数据可视化方法。

(5) 理解 Seaborn 高级数据可视化手段。

5.1 Python 数据分析

Pandas(Python Data Analysis Library)是 Python 的一个数据分析包，是基于 NumPy 的一种工具，为了解决数据分析任务而创建。

Pandas 使用强大的数据结构提供高性能的数据操作和分析工具。模块提供了大量的能便捷处理数据的函数、方法和模型，还包括操作大型数据集的工具，从而高效分析数据。

Pandas 主要处理以下三种数据结构。

(1) Series：一维数组，与 NumPy 中一维的 ndarray 类似。数据结构接近 Python 中的 List 列表，数据元素可以是不同的数据类型。

(2) DataFrame：二维数据结构。DataFrame 可以理解成 Series 的容器，其内部的每项元素都可以看作一个 Series。DataFrame 是重要的数据结构，在机器学习中经常使用。

(3) Panel：三维数组，可以理解为 DataFrame 的容器，其内部的每项元素都可以看作一个 DataFrame。

这些数据结构都是构建在 NumPy 数组的基础之上，运算速度很快。

5.1.1　Series 数据结构

Series 是一种类似于一维数组的对象，由一组数据以及一组与之相关的数据标签(即索引)组成，数据可以是任何 NumPy 数据类型(如整数、字符串、浮点数、Python 对象等)。

1. 创建 Series 对象

创建 Series 对象可以使用函数 Series(data, index)，参数 data 表示数据值，index 是索引，默认情况下会自动创建一个 0～$N-1$(N 为数据的长度)的整数型索引。访问 Series 对象的成员的方法类似 narray 数组，使用索引或索引名进行访问。

例 **5-1**：创建一个 Series 对象。

```
import pandas as pd
s = pd.Series([1,3,5,9,6,8])
print(s)
```

例 **5-2**：为一个地理位置数据创建 Series 对象。

```
import pandas as pd
#使用列表创建,索引值为默认值
print('--------   列表创建 series   ----------')
s1=pd.Series([1,1,1,1,1])
print(s1)
print('--------   字典创建 series   ----------')
#使用字典创建,索引值为字典的 key 值
s2=pd.Series({'Longitude':39,'Latitude':116,'Temperature':23})
print('First value in s2:',s2['Longitude'])
print('-------- 用序列作 series 索引 ----------')
#使用 range()函数生成的迭代序列设置索引值
s3=pd.Series([3.4,0.8,2.1,0.3,1.5],range(5,10))
print('First value in s3:',s3[5])
```

2. 访问 Series 数据对象

1) 修改数据

可以通过赋值操作直接修改 Series 对象成员的值，还可以为多个对象成员批量修改数据。

例 **5-3**：对例 5-2 中创建的 s2，将温度增加 2，设置城市为“Beijing”。

```
#温度增加 2 度,设置城市为 Beijing
```

```
s2["City"]="Beijing"
s2['Temperature']+=2
s2
```

运行结果如图 5-1 所示。

2）按条件表达式筛选数据

例 5-4：找出例 5-2 的 s3 中大于 2 的数据。

```
s3[s3>2]
```

输出结果如图 5-2 所示。

```
Longitude        39
Latitude        116
Temperature      25
City        Beijing
dtype: object
```

图 5-1　例 5-3 运行结果

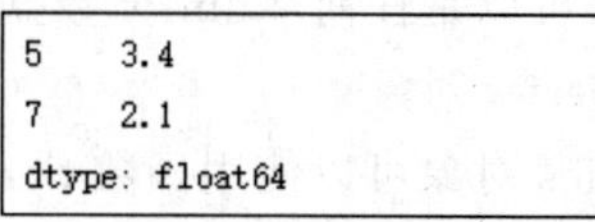

图 5-2　例 5-4 输出结果

3）增加对象成员

两个 Series 对象可以通过 append()函数进行拼接，从而产生一个新的 Series 对象。进行拼接操作时，原来的 Series 对象内容保持不变。

例 5-5：为 s2 添加一项湿度数据。

```
stiny=pd.Series({'humidity':84})
s4=s2.append(stiny)
print('-------原 Series: -------\n',s2)
print('-------新 Series: -------\n',s4)
```

输出结果如图 5-3 所示。

```
-------原 Series: -------
Longitude        39
Latitude        116
Temperature      25
City        Beijing
dtype: object
-------新 Series: -------
Longitude        39
Latitude        116
Temperature      25
City        Beijing
humidity         84
dtype: object
```

图 5-3　例 5-5 输出结果

可以看到，合并操作不影响原 Series。结果中原 s2 数据没有变化，新创建的 s4 对象接收了合并后的新数据。

4）删除对象成员

可以通过 drop()函数删除对象成员，可以删除一个或多个对象成员。与 append()函数一样，drop()函数也不改变原对象的内容，返回一个新的 Series 对象。

例 5-6：删除重量数据。

```
s2=s2.drop('City')
s2
```

输出结果如图 5-4 所示。

```
Longitude       39
Latitude       116
Temperature     25
dtype: object
```

图 5-4　例 5-6 输出结果

5.1.2　DataFrame 对象

DataFrame 是一个表格型的数据结构，包含一组有序数列。列索引（columns）对应表格的字段名，行索引（index）对应表格的行号，值（values）是一个二维数组。每一列表示一个独立的属性，各个列的数据类型（数值、字符串、布尔值等）可以不同。

DataFrame 既有行索引也有列索引，所以 DataFrame 也可以看成是 Series 的容器。

1. 创建 DataFrame 对象

构建 DataFrame 的办法有很多，基本方法是使用 DataFrame()函数构造，格式如下。

```
DataFrame([data, index, columns, dtype, copy])
```

1）从字典构建 DataFrame

例 5-7：从字典数据创建 DataFrame。

```
import pandas as pd
dict1 = {'col1':[1,2,5,7],'col2':['a','b','c','d']}
df = pd.DataFrame(dict1)
df
```

运行结果如图 5-5 所示。

	col1	col2
0	1	a
1	2	b
2	5	c
3	7	d

图 5-5　例 5-7 运行结果

例 5-8：由列表组成 DataFrame。

```
lista = [1,2,5,7]
listb = ['a','b','c','d']
df = pd.DataFrame({'col1':lista,'col2':listb})
df
```

2）从数组创建 DataFrame

可以使用 Python 的二维数组作为数值，通过 columns 参数指定列名，构建 DataFrame。

例 5-9：二维数组和 columns 构建 DataFrame。

```
import pandas as pd
a = pd.DataFrame([[1,0.1,5],
                  [2,0.5,6],
                  [4,0.8,5]],columns = ["t1", "t2", "pl"])
a
```

运行结果如图 5-6 所示。

也可以从 NumPy 提供的 ndarray 结构创建 DataFrame。

例 5-10：从二维 ndarray 创建 DataFrame。

```
a = np.array([[1,2,3], [4,5,6],[7,8,9]])
b=pd.DataFrame(a)
b
```

运行结果如图 5-7 所示。

	t1	t2	pl
0	1	0.1	5
1	2	0.5	6
2	4	0.8	5

图 5-6　例 5-9 运行结果

	0	1	2
0	1	2	3
1	4	5	6
2	7	8	9

图 5-7　例 5-10 运行结果

3）从 csv 文件中读取数据到 DataFrame

通过第 4 章内容我们了解到，Pandas 还提供读写 csv 文件功能。例如，read_csv()函数可以读取 csv 文件的数据，返回 DataFrame 对象。

2. 访问 DataFrame 对象

从本质上来说，Series 或 DataFrame 的索引是一个 Index 对象，负责管理轴标签等。在构建 Series 或 DataFrame 时，所使用的数组或序列的标签会转换成索引对象。因此，Series 的索引不只是数字，也包括字符等。对 DataFrame 进行索引，可以获取其中的一个或多个列，列可以通过索引进行访问。

例 5-11：对 Series 和 DataFrame 进行索引。

```
import numpy as np
import pandas as pd
ser=pd.Series(np.arange(4),index=['A','B','C','D']) #构造一个 Series
data=pd.DataFrame(np.arange(16).reshape(4,4),
                  index=['BJ','SH','GZ','SZ'],
                  columns=['q','r','s','t'])
print("ser['C']:",ser['C'])
print("ser[2]:",ser[2])
print("data['q']:",data['q'])
print("data[['q','t']]:",data[['q','t']])
```

所构成的二维 DataFrame 数组 data 的内容如图 5-8 所示。

运行结果如图 5-9 所示。

	q	r	s	t
BJ	0	1	2	3
SH	4	5	6	7
GZ	8	9	10	11
SZ	12	13	14	15

图 5-8　二维数组 data

```
ser['C']: 2
ser[2]: 2
data['q']: BJ      0
SH      4
GZ      8
SZ     12
Name: q, dtype: int32
data[['q','t']]:       q   t
BJ    0   3
SH    4   7
GZ    8  11
SZ   12  15
```

图 5-9　例 5-11 运行结果

也可以通过切片或条件筛选进行数据过滤。

例 5-12：数据切片与筛选。

```
data[:2]
data[data['s']<=10]
```

运行结果如图 5-10 所示。

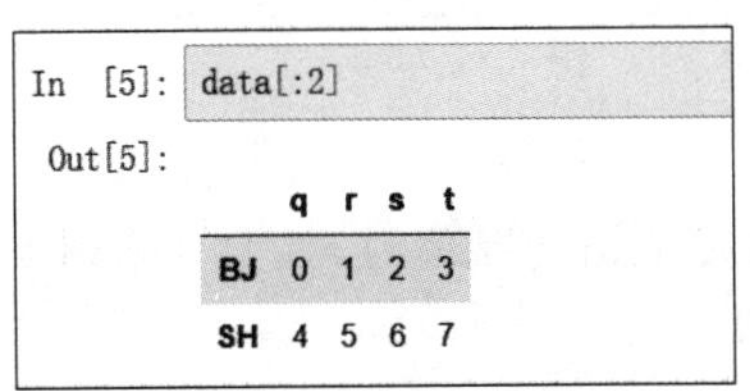

In [4]: data[data['s']<=10]

Out[4]:

	q	r	s	t
BJ	0	1	2	3
SH	4	5	6	7
GZ	8	9	10	11

图 5-10　例 5-12 运行结果

还可以使用 loc()和 iloc()函数进行切片。

其中，按索引名关键字抽取指定行列的数据使用 loc()函数，标准格式如下。

```
<DataFrame 对象>.loc[<行索引名或行索引名列表>,<列索引名或列索引名列表>]
```

按位置访问指定行列时，可以使用 iloc()函数，同样有行、列两个参数，可以是下标值，可以是列表，还可以是切片，标准格式如下。

```
<DataFrame 对象>.iloc[<行参数>,<列参数>]
```

例 5-13：抽取指定行列的数据。

```
data.loc[['SH','GZ'],['r','s']]
```

或：

```
data.iloc[:-1,1:3]
```

运行结果如图 5-11 所示。

```
In [56]: data.loc[['SH','GZ'],['r','s']]
Out[56]:
```

	r	s
SH	5	6
GZ	9	10

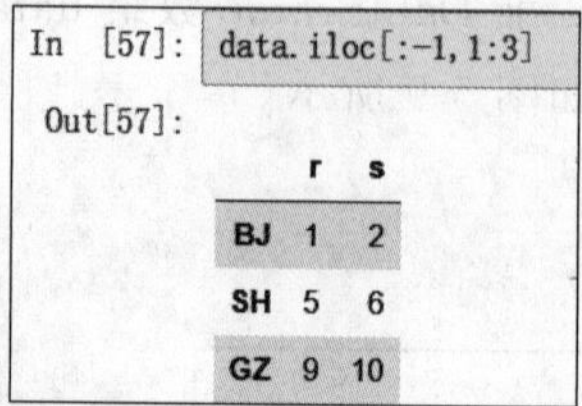

图 5-11 例 5-13 运行结果

3. 修改 DataFrame 数据

1）修改数据

通过赋值语句修改数据，可以修改指定行、列的数据，还可以把要修改的数据查询筛选出来，或重新赋值。

例 5-14：修改数组中的某个数据。

```
import numpy as np
import pandas as pd
data=pd.DataFrame(np.arange(16).reshape(4,4),
                  index=['BJ','SH','GZ','SZ'],
                  columns=['q','r','s','t'])
data['q']['BJ']=8
data['t']=8
data['s']['SZ']=8
data
```

运行结果如图 5-12 所示。

2）增加列

可以为 DataFrame 对象添加新的列，通过赋值语句赋值时，只要列索引名不存在，就添加新列，否则就修改列值，这与字典的特性相似。

例 5-15：为 data 增加一列“u”，值为 9。

```
data['u']=9
data
```

运行后 data 如图 5-13 所示。

	q	r	s	t
BJ	8	1	2	8
SH	4	5	6	8
GZ	8	9	10	8
SZ	12	13	8	8

图 5-12 例 5-14 运行结果

	q	r	s	t	u
BJ	8	1	2	8	9
SH	4	5	6	8	9
GZ	8	9	10	8	9
SZ	12	13	8	8	9

图 5-13 例 5-15 运行结果

3）合并添加数据

DataFrame 对象可以增加新列，但与 Series 对象一样不能直接增加新行。如果需要增加几行数据，需要将数据存入一个新 DataFrame 对象，然后将两个 DataFrame 对象进行合并。

两个 DataFrame 对象的合并可以使用 Pandas 的 concat()方法，通过 axis 参数的选择，能够按不同的轴向连接两个 DataFrame 对象。

4）删除 DataFrame 对象的数据

drop()函数可以按行列删除数据，drop()函数基本格式如下。

```
<DataFrame 对象>.drop(索引值或索引列表,axis=0, inplace=False,…)
```

主要参数如下。

- axis：默认为 0，为行索引值或列索引列表；值为 0 表示删除行，值为 1 表示删除列。
- inplace：逻辑型，表示操作是否对原数据生效。默认为 False，产生新对象，原 DataFrame 对象内容不变。

例 **5-16**：DataFrame 对象的删除操作。

```
dt1=data.drop('SZ',axis=0)              #删除 index 值为'SZ'的行
dt2=data.drop(["r","u"],axis=1)         #删除"r","u"列
data.drop('SZ',inplace=True)            #从原数据中删除一行
```

运行结果如图 5-14 所示。

	q	r	s	t	u
BJ	8	1	2	8	9
SH	4	5	6	8	9
GZ	8	9	10	8	9

	q	s	t
BJ	8	2	8
SH	4	6	8
GZ	8	10	8
SZ	12	8	8

	q	r	s	t
BJ	8	1	2	8
SH	4	5	6	8
GZ	8	9	10	8

图 5-14　例 5-16 运行结果

4. 汇总和描述性统计计算

Pandas 的 Series 对象和 DataFrame 对象都继承了 NumPy 的统计函数，常用的数学和统计方法如表 5-1 所示，通常可以对一列或多列数据进行统计分析。

表 5-1　常用的描述和汇总统计函数

函　数　名	功 能 说 明
count	统计数据值的数量，不包括 NA 值
describe	对 Series、DataFrame 进行汇总统计
min，max	计算最小值、最大值
argmin，argmax	计算最小值、最大值的索引位置
idxmin，idxmax	计算最小值、最大值的索引值
sum	计算总和
mean	计算平均值
median	返回中位数
var	计算样本值的方差
std	计算样本值的标准差
cumsum	计算样本值的累计和
diff	计算一阶差分

例 5-17：一个简单的 DataFrame。

```
df=pd.DataFrame(np.arange(16).reshape(4,4),
                index=['BJ','SH','GZ','SZ'],
                columns=['q','r','s','t'])
df
```

DataFrame 的跨行用 0 轴表示，跨列用 1 轴表示。例如，按 0 轴求和的操作如下。

```
df.sum()
```

或：

```
df.sum(axis=0)
```

运行结果如图 5-15 所示。

按 1 轴求和操作如下。

```
df.sum(axis=1)
```

运行结果如图 5-16 所示。

```
Out[80]:  q    24
          r    28
          s    32
          t    36
          dtype: int64
```

图 5-15　按 0 轴求和

```
Out[81]:  BJ    6
          SH   22
          GZ   38
          SZ   54
          dtype: int64
```

图 5-16　按 1 轴求和

求平均值的操作如下。

```
df.mean(axis=1)
```

```
Out[82]:  BJ     1.5
          SH     5.5
          GZ     9.5
          SZ    13.5
          dtype: float64
```

图 5-17　求平均值

运行结果如图 5-17 所示。

求最大值和最小值也很方便，分别使用 df.max()、df.min()方法。

例 5-18：综合示例——英文分词。

在文本处理中，分词是一项基本任务，能够表达内容相关性、提取页面关键词、主题标签等。下面对英文句子进行基本的单词频率提取。

```
#使用变量 p 保存英文句子
p='life can be good,life can be sad,life is mostly cheerful,but sometimes sad.'
pList=p.split() #使用 split()函数进行分隔
pdict={}
#对分隔后的词语进行统计
for item in pList:
    if item[-1] in ',.':
        item=item[:-1]
    if item not in pdict:
```

```
        pdict[item]=1
    else:
        pdict[item]+=1
print(pdict)
```

输出的分词结果如图 5-18 所示。

```
{'life': 1, 'can': 2, 'be': 2, 'good,life': 1, 'sad,life': 1, 'is': 1, 'mostly': 1, 'cheerful,but': 1,
'sometimes': 1, 'sad': 1}
```

图 5-18　分词结果

5. 分组统计

在日常的数据分析中，经常需要将数据根据一个或多个字段划分为不同的组进行分析，如电商领域将全国的总销售额按省份进行分组，并分析各省销售额的变化情况；或者社交网站将用户根据性别、年龄等特征进行细分，据此研究用户画像和偏好等。

在 Pandas 中，上述分组操作主要运用 groupby()函数完成，然后进行基本的分组操作，如组内计数、求和、求均值和求方差等。

例 5-19：对电影评分数据集合 IMDB300 进行处理，按职业进行分组，统计各职业的用户人数。

分析：按职业进行分组，可以使用 groupby('uOccup')进行分组。还通常使用 groupby 分组对象的 size()方法以返回组大小（Series 结构），使用 count()方法进行组内特征计数（Series 或 Dataframe 结构）。

```
import pandas as pd
f = open('score.txt',encoding='UTF-8')
df=pd.read_csv(f,sep='\t',header=None,names=['Index','uNo','uAge','uOccup',
'filmNo', 'filmName','url','score','timestamp'])
#分组统计
df.groupby('uOccup').size()          #查看组大小结果
```

从运行结果可以看出，size()方法返回的是当前组的大小，如图 5-19 所示。

```
uOccup
administrator    40
artist            7
doctor            9
educator         29
engineer         24
entertainment     6
executive        22
```

图 5-19　返回当前组的大小

再增加下面的语句：

```
df.groupby('uOccup').count()          #查看计数结果
```

可以得到如图 5-20 所示结果。

从运行结果可以看到，count()方法返回的是一个 DataFrame 结构，内容为各组的全部特征的计数。

	Index	uNo	uAge	filmNo	filmName	url	score	timestamp
uOccup								
administrator	40	40	40	40	40	40	40	40
artist	7	7	7	7	7	7	7	7
doctor	9	9	9	9	9	9	9	9
educator	29	29	29	29	29	29	29	29
engineer	24	24	24	24	24	24	24	24
entertainment	6	6	6	6	6	6	6	6
executive	22	22	22	22	22	22	22	22

图 5-20　各组的全部特征计数

若想只统计单个特征的计数，可以只抽取此 DataFrame 结构的某个特征，如下面的语句。

```
df.groupby('uOccup')['Index'].count()
```

此时可以计算用户编号特征(即 Index 列)的计数，也为 40。

还可以对分组计算平均值。与计数函数不同的是，在计算平均值时，只能计算数值类型的特征，而字符等类型的特征将被忽略。例如：

```
import pandas as pd
f = open('score.txt',encoding='UTF-8')
df=pd.read_csv(f,sep='\t',header=None,names=['Index','uNo','uAge','uOccup',
'filmNo','filmName','url','score','timestamp'])
#分组统计
df.groupby('uOccup').mean()
```

默认情况下，所有数值列都被统计，运行结果如图 5-21 所示。

	Index	uNo	uAge	filmNo	score	timestamp
uOccup						
administrator	133.150000	111.250000	39.725000	399.350000	3.575000	8.816980e+08
artist	151.571429	159.571429	37.571429	318.285714	4.000000	8.861640e+08
doctor	136.444444	270.444444	30.666667	371.666667	3.555556	8.824892e+08
educator	163.413793	138.896552	45.103448	367.344828	3.586207	8.843760e+08
engineer	146.666667	191.750000	34.708333	335.791667	3.458333	8.819380e+08
entertainment	177.000000	88.166667	30.000000	599.333333	2.333333	8.818813e+08
executive	156.590909	188.272727	33.818182	324.318182	3.500000	8.813571e+08

图 5-21　统计所有数值列

从结果可以看出，计算了 6 个数值类型特征的平均值。若只需要其中一个特征的平均值，还可以对上面的 DataFrame 进行抽取。

例 5-20：统计不同职业观众对电影的平均打分。

```
import pandas as pd
f = open('score.txt',encoding='UTF-8')
df=pd.read_csv(f,sep='\t',header=None,names=['Index','uNo','uAge','uOccup',
'filmNo','filmName','url','score','timestamp'])
df.groupby('uOccup')['score'].mean()
```

运行结果如图 5-22 所示。

```
uOccup
administrator     3.575000
artist            4.000000
doctor            3.555556
educator          3.586207
engineer          3.458333
entertainment     2.333333
executive         3.500000
healthcare        5.000000
homemaker         1.000000
lawyer            3.800000
librarian         3.416667
```

图 5-22　例 5-20 运行结果

还可以先对 DataFrame 按特征进行筛选,然后再进行统计。

例 **5-21**:统计不同职业观众的平均年龄。

```
import pandas as pd
f = open('score.txt',encoding='UTF-8')
df=pd.read_csv(f,sep='\t',header=None,names=['Index','uNo','uAge','uOccup',
'filmNo','filmName','url','score','timestamp'])
df[['uAge','uOccup']].groupby('uOccup').mean()
```

运行结果如图 5-23 所示。

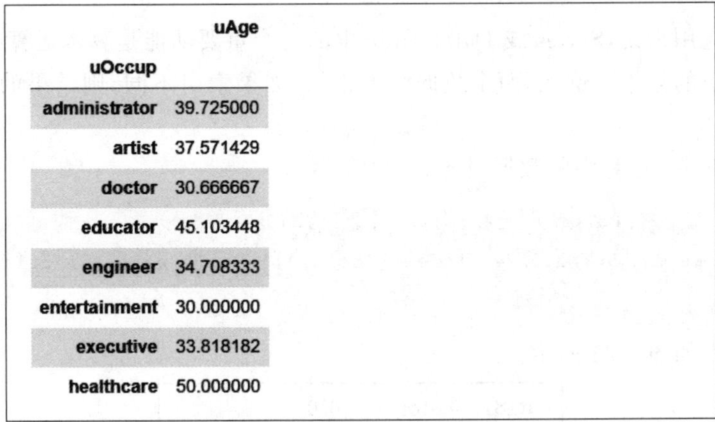

	uAge
uOccup	
administrator	39.725000
artist	37.571429
doctor	30.666667
educator	45.103448
engineer	34.708333
entertainment	30.000000
executive	33.818182
healthcare	50.000000

图 5-23　例 5-21 运行结果

在这个例子中,先选取了"uOccup""uAge"两个列组成一个子 DataFrame 数据结构,然后对这个只有两个列的子 DataFrame 数据结构进行分组,并计算年龄列的平均值。

如果只想知道某个特征中不同值的计数，如各职业观众分别有多少人，也可以无须分组，直接使用 DataFrame 提供的 value_counts()函数。

例 5-22：统计不同职业观众各自的人数。

```
import pandas as pd
f = open('score.txt',encoding='UTF-8')
df=pd.read_csv(f,sep='\t',header=None,names=['Index','uNo','uAge','uOccup',
'filmNo','filmName','url','score','timestamp'])
df['uOccup'].value_counts()
```

运行结果如图 5-24 所示。

```
student          50
administrator    40
programmer       35
educator         29
engineer         24
executive        22
other            16
writer           15
librarian        12
doctor            9
artist            7
marketing         7
technician        7
none              7
entertainment     6
lawyer            5
scientist         3
retired           3
homemaker         1
salesman          1
healthcare        1
Name: uOccup, dtype: int64
```

图 5-24　例 5-22 运行结果

5.1.3　Pandas 的数据预处理

1. 数据对齐

对于许多应用来说，Series 或 DataFrame 中的一个重要功能是算术运算中的自动对齐，即对齐不同索引的数据。例如，两个数据对象相加，如果索引不同，则结果的索引是这两个索引的并集。

例 5-23：Series 运算中的数据对齐。

```
Ser1=pd.Series({'color':1,'size':2,'weight':3})
Ser2= pd.Series([5,6,3.5,24],index=['color','size','weight','price'])
Ser2+Ser1
```

相加后结果如图 5-25 所示。

```
Out[8]: color     6.0
        price     NaN
        size      8.0
        weight    6.5
        dtype: float64
```

图 5-25　数据对齐

自动数据对齐在不重叠的索引处引入了 NaN(Not a Number)值，在 Pandas 中，有时直接用 NA 来表示。如果想用某个值(如 0)代替 NaN 值，可以使用如表 5-2 所示的专门的算术运算函数，通过其 fill_value 参数传入。

表 5-2　常用 Pandas 算术运算函数

方　法	说　明	方　法	说　明
add()	加法函数	div()	除法函数
sub()	减法函数	mul()	乘法函数

对于 DataFrame，行和列在计算过程中同时进行数据对齐。例如，下面例子中进行的求和运算，可以使用 DataFrame.add()函数，再进行对齐操作。

例 5-24：DataFrame 中的数据对齐及 NaN 值处理。

```
dt1=pd.DataFrame(np.arange(16).reshape(4,4),
                 index=['BJ','SH','GZ','SZ'],
                 columns=['q','r','s','t'])
dt2=pd.DataFrame(np.arange(4).reshape(2,2),
                 index=['BJ','SZ'],
                 columns=['r','t'])
dt1.add(dt2,fill_value=0)
```

运行结果如图 5-26 所示。

2. 缺失数据的处理

1) 过滤缺失值

NA 值会带入后续的操作，为避免造成处理出错，可以预先过滤掉缺失数据，例如，使用 dropna()方法。

例 5-25：过滤 Series 的缺失数据。

```
from numpy import nan as NA
data=pd.Series([1,NA,3.5,NA,7])
data.dropna()
```

运行结果如图 5-27 所示。

	q	r	s	t
BJ	0.0	1.0	2.0	4.0
GZ	8.0	9.0	10.0	11.0
SH	4.0	5.0	6.0	7.0
SZ	12.0	15.0	14.0	18.0

图 5-26　例 5-24 运行结果

```
Out[11]:  0     1.0
          2     3.5
          4     7.0
          dtype: float64
```

图 5-27　例 5-25 运行结果

对于 DataFrame 来说，dropna()方法默认丢弃所有含有缺失值的行。如果想对列进行过滤，只需将 axis 设置为 1 即可。

例 5-26：过滤 DataFrame 的数据行。

```
dt1=pd.DataFrame(np.arange(16).reshape(4,4),
                 index=['BJ','SH','GZ','SZ'],
                 columns=['q','r','s','t'])
dt2=pd.DataFrame(np.arange(12).reshape(4,3),
                 index=['BJ','SH','SZ','GZ'],
                 columns=['q','r','s'])
testdf=dt1+dt2                          #将两个 DataFrame 进行组合
Hfinedf=testdf.dropna()                 #按 0 轴(行)方向进行过滤
Vfinedf=testdf.dropna(axis=1)           #按 1 轴(列)方向进行过滤
```

由于 testdf 中每一行最后一个是 NA 值,所以按行过滤空值得到的 Hfinedf 为空,按列过滤空值得到的 Vfindf 过滤了最后一列。结果显示如图 5-28 所示。

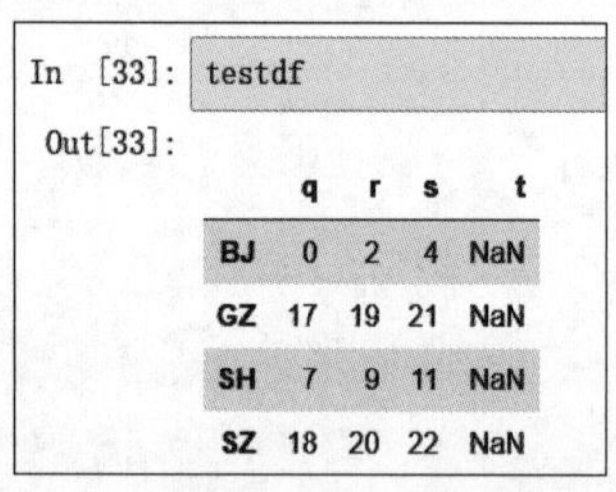
In [33]: testdf
Out[33]:

	q	r	s	t
BJ	0	2	4	NaN
GZ	17	19	21	NaN
SH	7	9	11	NaN
SZ	18	20	22	NaN

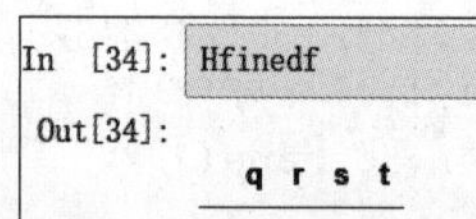
In [34]: Hfinedf
Out[34]:

q	r	s	t

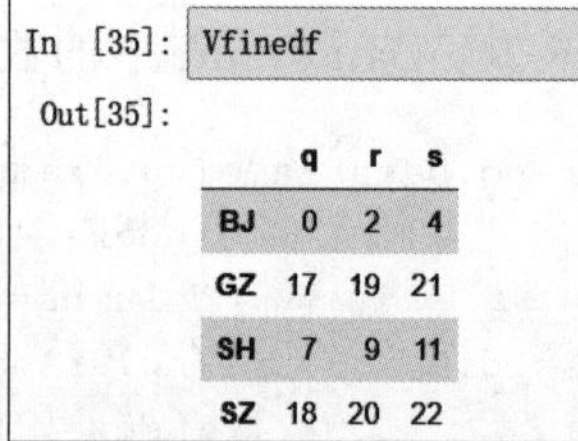
In [35]: Vfinedf
Out[35]:

	q	r	s
BJ	0	2	4
GZ	17	19	21
SH	7	9	11
SZ	18	20	22

图 5-28　例 5-26 运行结果

例 **5-27**:过滤 DataFrame 的数据列。

```
fdf=testdf.dropna(axis=1)
fdf
```

运行结果如图 5-29 所示。

2) 使用 notnull()函数

例 **5-28**:使用 notnull()函数判断空值。

```
testdf.notnull()
```

运行结果如图 5-30 所示。

	q	r	s
BJ	0	2	4
GZ	17	19	21
SH	7	9	11
SZ	18	20	22

图 5-29　例 5-27 运行结果

	q	r	s	t
BJ	True	True	True	False
GZ	True	True	True	False
SH	True	True	True	False
SZ	True	True	True	False

图 5-30　例 5-28 运行结果

例 **5-29**:使用 notnull()函数过滤 Series 的空值。

```
s1=pd.Series(['ONE','TWO',NA,None,'TEN'])
s1[s1.notnull()]
```

运行结果如图 5-31 所示。

```
In  [146]: s1

Out[146]: 0      ONE
          1      TWO
          2      NaN
          3     None
          4      TEN
          dtype: object
```

```
In  [147]: s1[s1.notnull()]

Out[147]: 0     ONE
          1     TWO
          4     TEN
          dtype: object
```

图 5-31　例 5-29 运行结果

3) 填充缺失数据

有时不想滤除有缺失值的行和列,而是希望将空白数据填充,可以使用 fillna()方法,例如: df.fillna(0)。

fillna()默认填充后返回新的数据对象。如果想原地修改,可以查阅 fillna()的 inplace 参数。

3. 数据分组

Pandas 还可以进行数据分组,例如,Pandas.cut()函数就可以把一组数据切分成离散的区间。假设是一组年龄数据,使用 Pandas.cut()函数能够将年龄数据切分成不同的年龄段并标上对应的标签。

Pandas.cut()函数基本格式:

```
Pandas.cut(x,bins,right=True,labels=None,retbins=False,precision=3,include_lowest=False,duplicates='raise')
```

主要参数如下。

- x: 被切分的类数组(array-like)数据,必须是一维(不能用 DataFrame)。
- bins: 是被切分后的区间(或者叫"桶""箱"),有三种形式,分别为标量序列(数组)、int 型的标量,以及 Pandas.IntervalIndex 类型。当 bins 为一个 int 型的标量时,代表将 x 平分成 bins 份。
- precision: 保留区间小数点的位数,默认为 3。
- include_lowest: bool 型的参数,表示左侧是开区间还是闭区间,默认为 False,也就是开区间,不包含左侧最小值。
- duplicates: 是否允许重复区间。可以选择 raise(不允许)或 drop(允许)。

返回值如下。

- Array: 返回一个数组,代表分区后 x 中的每个值在哪个 bin(区间)中,如果指定了 labels,则返回对应的 labels 标签。
- bins: 分隔后的区间,当指定 retbins 为 True 时返回。

例 5-30: 对电影数据集 IMDB300 中的观影用户,按照年龄划分成组。将用户划分成四个年龄组,分别是: 0～20 岁、21～40 岁、41～50 岁、51～60 岁。使用素材 score.csv 文件。

```
import pandas as pd
df=pd.read_csv("score.csv")
#年龄分组操作
bins_t=[0,20,40,50,60]
level_t=['少年','青年','中年','老年']
```

```
df['Age_group']=pd.cut(df.uAge,bins=bins_t,labels=level_t,right=True)
df.head(20)
```

处理结果如图 5-32 所示。

	Index	uNo	uAge	uOccup	filmNo	filmName	url	score	timestamp	Age_group
0	1	196	49	writer	242	Kolya (1996)	http://us.imdb.com/M/title-exact?Kolya%20(1996)	3	881250949	中年
1	2	186	39	executive	302	L.A. Confidential (1997)	http://us.imdb.com/M/title-exact?L%2EA%2E+Conf...	3	891717742	青年
2	3	22	25	writer	377	Heavyweights (1994)	http://us.imdb.com/M/title-exact?Heavyweights%...	1	878887116	青年
3	4	244	28	technician	51	Legends of the Fall (1994)	http://us.imdb.com/M/title-exact?Legends%20of%...	2	880606923	青年
4	5	166	47	educator	346	Jackie Brown (1997)	http://us.imdb.com/M/title-exact?imdb-title-11...	1	886397596	中年
5	6	298	44	executive	474	Dr. Strangelove or: How I Learned to Stop Worr...	http://us.imdb.com/M/title-exact?Dr.%20Strange...	4	884182806	中年
6	7	115	31	engineer	265	Hunt for Red October, The (1990)	http://us.imdb.com/M/title-exact?Hunt+for+Red+...	2	881171488	青年
7	8	253	26	librarian	465	Jungle Book, The (1994)	http://us.imdb.com/M/title-exact?Jungle%20Book...	5	891628467	青年
8	9	305	23	programmer	451	Grease (1978)	http://us.imdb.com/M/title-exact?Grease%20(1978)	3	886324817	青年
9	10	6	42	executive	86	Remains of the Day, The (1993)	http://us.imdb.com/M/title-exact?Remains%20of%...	3	883603013	中年
10	11	62	27	administrator	257	Men in Black (1997)	http://us.imdb.com/M/title-exact?Men+in+Black+...	2	879372434	青年
11	12	286	27	student	1014	Romy and Michele's High School Reunion (1997)	http://us.imdb.com/M/title-exact?Romy%20and%20...	5	879781125	青年
12	13	200	40	programmer	222	Star Trek: First Contact (1996)	http://us.imdb.com/M/title-exact?Star%20Trek:%...	5	876042340	青年
13	14	210	39	engineer	40	To Wong Foo, Thanks for Everything! Julie Newm...	http://us.imdb.com/M/title-exact?To%20Wong%20F...	3	891035994	青年
14	15	224	31	educator	29	Batman Forever (1995)	http://us.imdb.com/M/title-exact?Batman%20Fore...	3	888104457	青年
15	16	303	19	student	785	Only You (1994)	http://us.imdb.com/M/title-exact?Only%20You%20...	3	879485318	少年
16	17	122	32	writer	387	Age of Innocence, The (1993)	http://us.imdb.com/M/title-exact?Age%20of%20In...	5	879270459	青年
17	18	194	38	administrator	274	Sabrina (1995)	http://us.imdb.com/M/title-exact?Sabrina%20(1995)	2	879539794	青年
18	19	291	19	student	1042	Just Cause (1995)	http://us.imdb.com/M/title-exact?Just%20Cause%...	4	874834944	少年

图 5-32　例 5-30 处理结果

从结果可以看出，新增了一个 Age_group 列，代表划分的年龄段特征。对观众按年龄进行分组并且添加标签后，更便于对观众进行群体性分析和查看。

本节介绍了简单的数据分析方法。数据分析模块是数据挖掘和机器学习等技术的根本，有了数据分析才有更高层次的算法和模型学习。在数据处理之前，人们希望能初步了解数据的特点。在数据处理之后，又希望能直观察觉数据分析的结果。

数据可视化就是一个非常直观的查看数据手段。Python 中比较常用的是 Matplotlib 模块、Seaborn 模块等。Pandas 模块中也内嵌了直接将数据可视化的功能模块 plot，就是基于 Matplotlib 库而实现的。

5.1.4　习题与实践

填空题

(1) Pandas 的________结构是一维数组结构，接近列表类型。

(2) Pandas 的________结构是二维数组结构，接近二维列表类型。

(3) 使用行和列的下标访问 DataFrame，可以使用________函数。

(4) 使用行和列的索引名访问 DataFrame，可以使用________函数。

5.2　Python 数据可视化

在大数据时代，数据挖掘的工作越来越重要，而从数据中提取出来有吸引力的图表更是一件非常重要的事情。Matplotlib 是 Python 主要的科学绘图库，其功能为生成可发布的可视化内容，如折线图、直方图、散点图等。将数据及各种分析可视化，可以让用户产生深刻的理解。

5.2.1　Matplotlib 模块

Matplotlib 是 Python 的一个基本 2D 绘图库，它提供了很多参数，可以通过参数控制样式、属性等，生成跨平台的出版质量级别的图形。

使用 Matplotlib，可以生成直方图、条形图、散点图、曲线图等，能让复杂的工作变得容易。在 Jupyter Notebook 中，可以使用%matplotlib inline 命令，将图像直接显示在浏览器中。

1. 图表的基本结构

标准图表结构一般包括画布、图表标题、绘图区、X 轴(水平轴)和 Y 轴(垂直轴)、图例等基本元素。X 轴和 Y 轴有最小刻度和最大刻度，也包括轴标签和网格线，如图 5-33 所示。

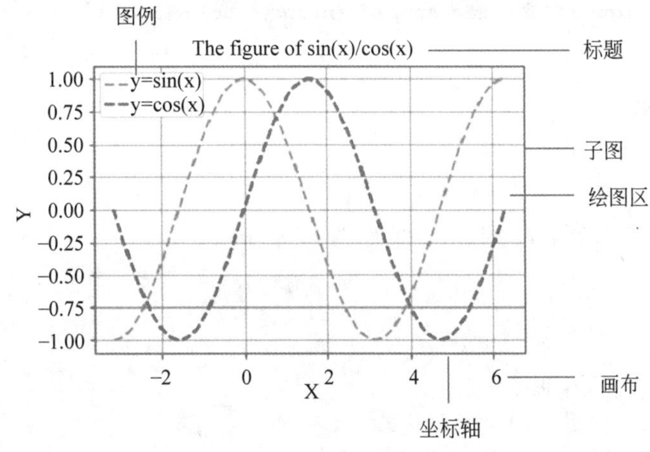

图 5-33　图表的基本构成

2. matplotlib.pyplot

Matplotlib 模块中比较常用的是 pyplot 子模块，内部包含绘制图形所需要的功能函数，如表 5-3 所示。通过 pyplot 内部的函数，可以很便捷地将数据进行直观展示。

表 5-3　pyplot 模块的常用函数

函　数	描　述
figure	创建一个空白画布，可以指定画布的大小和像素
add_subplot	创建子图，可以指定子图的行数，列数和标号
subplots	建立一系列子图，返回两个变量，Figure 实例 fig 和 ax 数组

续表

函　数	描　述
title	设置图表标题,可以指定标题的名称、颜色、字体等参数
xlabel	设置 X 轴名称,可以指定名称、颜色、字体等参数
ylabel	设置 Y 轴名称,可以指定名称、颜色、字体等参数
xlim	指定 X 轴的刻度范围
ylim	指定 Y 轴的刻度范围
legend	指定图例,及图例的大小、位置、标签
savefig	保存图形
show	显示图形

Matplotlib 的图像都位于 figure 对象中,可以用 plt.figure()方法创建一个新的画布(为空画布,还不能直接绘图)。然后在画布上用 add_subplot()方法添加 plot 子图,接下来在 plot 子图上进行绘图。如果不显式地调用 figure()函数,系统也会默认创建一个画布供子图使用。

add_subplot()函数的使用方法如下。

```
<子图对象>=<figure 对象>.add_subplot(nrows, ncols, index)
```

参数含义如下。

- nrows:子图划分成的行数。
- ncols:子图划分成的列数。
- index:当前子图的序号,编号从 1 开始。

例 5-31:绘制简单的 plot 图表,结果如图 5-34 所示。

```
%matplotlib inline                    #IPython 环境下使用
import matplotlib.pyplot as plt
fig=plt.figure()
ax1=fig.add_subplot(2,2,1)
ax2=fig.add_subplot(2,2,2)    #这里修改成(2,2,4)试试
plt.show()
```

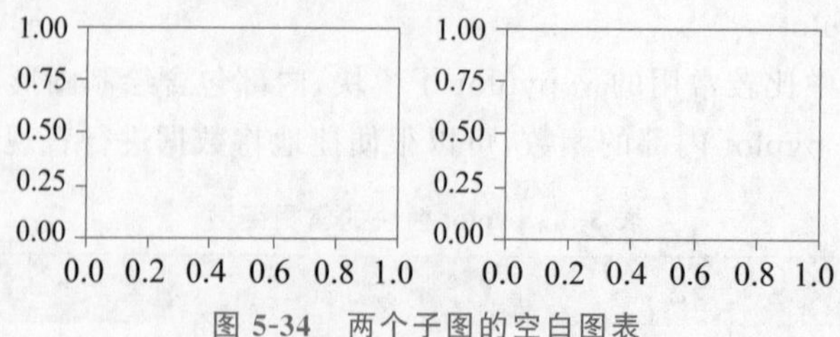

图 5-34　两个子图的空白图表

在 Jupyter Notebook 等 IPython 环境下绘图时,图表显示可能延迟。这时可以使用第一行中的"%matplotlib inline"魔法函数,这个方法能够调用 IPython 编译器的内嵌画图。有了%matplotlib inline 语句,即使省略 plt.show()命令,也能快速显示图像。

例 5-32：三个 plot 子图的绘制，结果如图 5-35 所示。

```
fig=plt.figure()
ax1=fig.add_subplot(2,2,1)
ax2=fig.add_subplot(2,2,2)
ax3=fig.add_subplot(2,2,3)
```

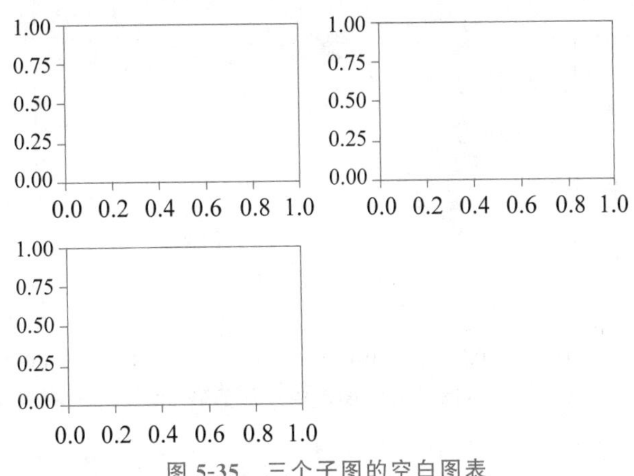

图 5-35　三个子图的空白图表

例 5-33：六个 plot 的绘制，结果如图 5-36 所示。

```
fig,axes=plt.subplots(2,3)
axes
```

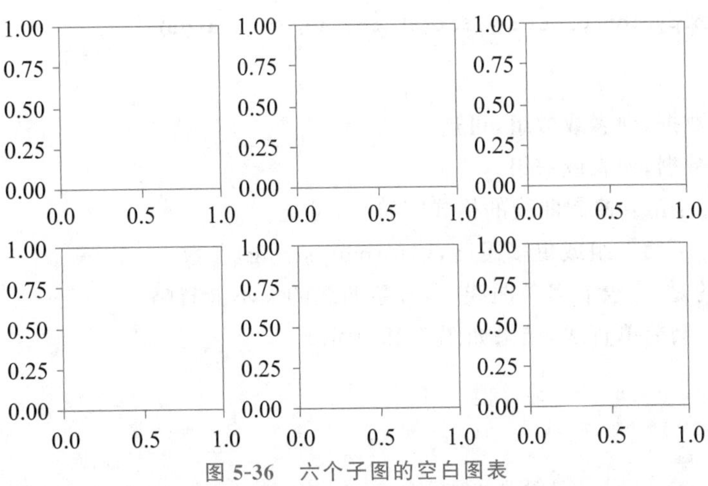

图 5-36　六个子图的空白图表

例 5-34：在 Subplot 上绘制图形，结果如图 5-37 所示。

```
fig=plt.figure()
ax=fig.add_subplot(1,1,1)
rect=plt.Rectangle((0.2,0.75),0.4,0.15,color='r',alpha=0.3)
circ=plt.Circle((0.7,0.2),0.15,color='b',alpha=0.3)
pgon=plt.Polygon([[0.15,0.15],[0.35,0.4],[0.2,0.6]],color='g',alpha=0.9)
```

```
ax.add_patch(rect)
ax.add_patch(circ)
ax.add_patch(pgon)
plt.show()
```

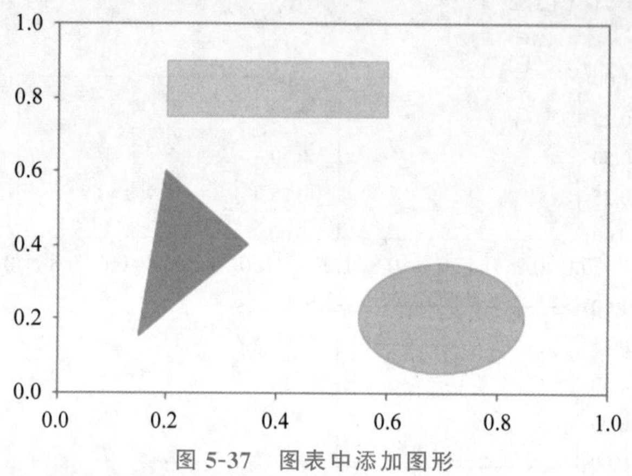

图 5-37 图表中添加图形

3. plot 函数

绘制曲线图可以使用 pyplot 中的plot()函数。如果在绘图前已经创建了画布(figure)，则在画布上建立子图。如果没有显式创建的画布对象，在使用子图方法的时候，也会先隐式地创建一个画布。

plot()的基本格式如下。

```
matplotlib.pyplot.plot(x,y,format_string, * * kwargs)
```

参数如下。

- x：X 轴数据，列表或数组，可选。
- y：Y 轴数据，列表或数组。
- format_string：控制曲线的格式字符串，可选。
- **kwargs：第二组或更多组(x,y,format_string)参数。

需要注意的是，当绘制多条曲线时，各条曲线的 x 不能省略。

例 5-35：绘制简单直线，结果如图 5-38 所示。

```
import matplotlib.pyplot as plt
import numpy as np
a = np.arange(10)
plt.xlabel('x')          #设置 X 轴标签
plt.ylabel('y')          #设置 Y 轴标签
plt.plot(a,a * 1.5,a,a * 2.5,a,a * 3.5,a,a * 4.5) #根据四个(x,y)数据对，绘制出四条直线
plt.legend(['1.5x','2.5x','3.5x','4.5x'])        #设置各个图例
plt.title('simple lines')                        #设置图表的标题
plt.show()
```

对于数学函数来说，绘制图形通常采用多数据点拟合的方式。例如，可以罗列出一定数量的 x 值，再通过函数求出对应的 y 值，从而构成一列 x、y 数据对。当数据对足够多时，形

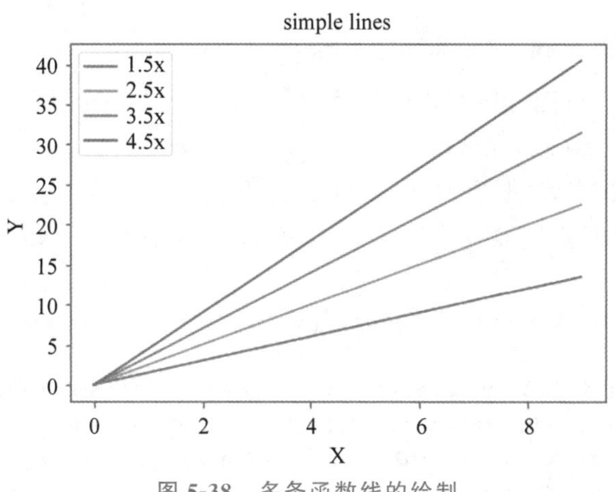

图 5-38　多条函数线的绘制

成的图形整体看就是该数学函数的图形。

例 5-36：绘制 sin(x)函数图形，结果如图 5-39 所示。

```
import numpy as np
import matplotlib.pyplot as plt
x = np.linspace(-10, 10, 100)     #列举出一百个数据点
y = np.sin(x)                     #计算出对应的 y 数组
plt.plot(x, y, marker="o")
```

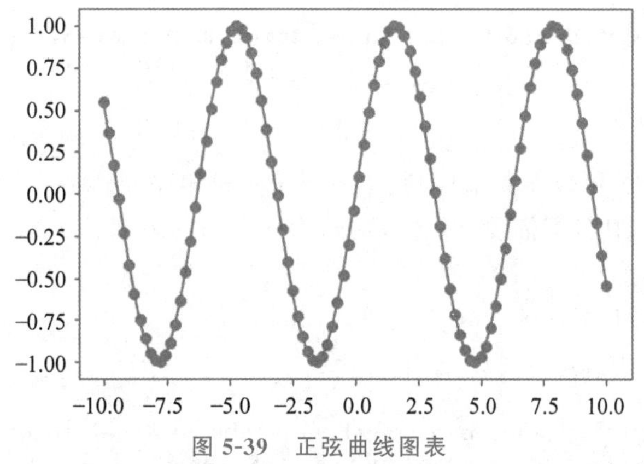
图 5-39　正弦曲线图表

4. 其他类型的图表

在实际应用中，需要很多类型的图表。matplotlib.pyplot 提供了丰富的绘图函数可供选择，包括 scatter(散点图)、bar(条形图)、pie(饼图)、hist(直方图)以及上面提到的 plot(坐标图)等。

1) scatter()函数绘制散点图

scatter()函数可以绘制散点图，基本格式如下。

```
matplotlib.pyplot.scatter(x, y, s=None, c=None, marker=None, cmap=None, norm=None, vmin = None, vmax = None, alpha = None, linewidths = None, verts = None, edgecolors=None, *, data=None, **kwargs)
```

主要参数如下。

- x,y：输入数据，形状为 shape(n,)的数组。
- c：标记的颜色，可选，默认为'b'即蓝色。
- marker：标记的样式，默认的是'o'。
- alpha：透明度，实数，取值为 0～1。
- linewidths：标记点的宽度。

2) hist()函数

可以将数据显示为密度直方图，语法格式如下。

```
matplotlib.pyplot.hist(x, bins=None, range=None, normed=False, weights=None,
cumulative=False, bottom=None, histtype='bar', align='mid', orientation='
vertical', rwidth=None, log=False, color=None, label=None, stacked=False, hold
=None, data=None, **kwargs)
```

主要参数如下。

- x：长度为 n 的数组或序列，作为输入数据。
- histtype：绘制的直方图类型，可选参数。可以取值'bar'、'barstacked'、'step'或'stepfilled'，默认为'bar'。
- orientation ：可选，直方图的方向，可以取值'horizontal'、'vertical'。

3) bar()绘制条形图

绘制条形图可以使用 bar()函数，基本格式如下。

```
matplotlib.pyplot.bar(left, height, width=0.8, bottom=None, hold=None, data=
None, **kwargs)
```

主要参数如下。

- left：X 轴刻度，可以是数值序列，也可以是字符串序列。
- height：Y 轴刻度，即需要展示的数据，为柱形图的高度。
- alpha：透明度。

4) pie()绘制饼图

绘制饼图可以使用 pie()函数，基本格式如下。

```
matplotlib.pyplot.pie(x, explode=None, labels=None, colors=None, autopct=
None, pctdistance=0.6, shadow=False, labeldistance=1.1, startangle=None,
radius=None, counterclock=True, wedgeprops=None, textprops=None, center=(0,
0), frame=False, hold=None, data=None)
```

主要参数如下。

- x：输入数组，每一饼块的比例。如果 sum(x)>1，则进行归一化处理。
- explode：每一块到中心的距离。
- labels：每一块外侧的显示文字。
- startangle：起始角度。默认为 0°，从 X 轴正值方向逆时针绘制。
- shadow：饼图下方是否有阴影。默认为 False(无阴影)。

例 5-37：多个图表的绘制，结果如图 5-40 所示。

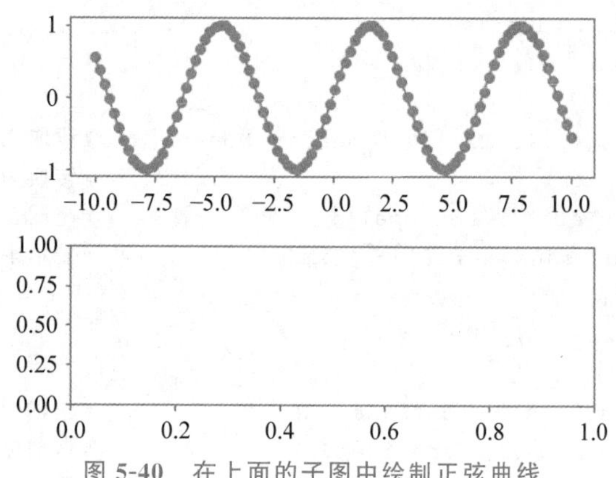

图 5-40 在上面的子图中绘制正弦曲线

首先使用 subplots()函数确定要绘制图表的行、列数量,然后使用 subplot()方法指定当前绘图所使用的子图。例如,下面的程序绘制了两行一列的图表,第一行放置的是例 5-36 中的正弦曲线。

```
import numpy as np
import matplotlib.pyplot as plt
fig,axes=plt.subplots(2,1)
plt.subplot(2,1,1)
x = np.linspace(-10, 10, 100)       #列举出一百个数据点
y = np.sin(x)                       #计算出对应的 y
plt.plot(x, y, marker="o")
```

结果如图 5-40 所示。

接下来,在第二行放置例 5-35 中的简单直线,继续添加如下代码。

```
plt.subplot(2,1,2)
a = np.arange(10)
plt.plot(a,a * 1.5,a,a * 2.5,a,a * 3.5,a,a * 4.5)
```

这次运行的结果如图 5-41 所示。

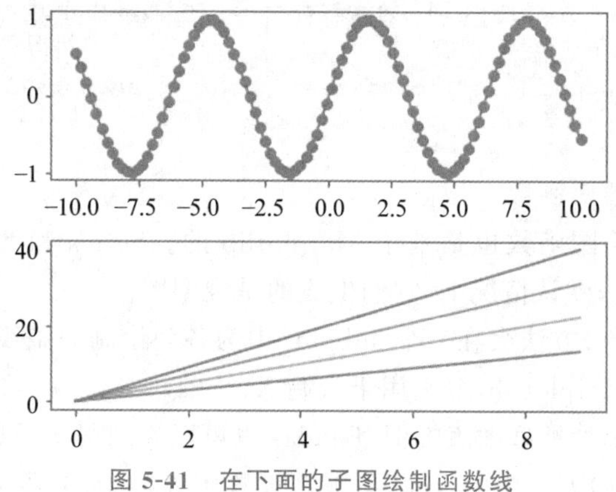

图 5-41 在下面的子图绘制函数线

例 5-38:绘制鸢尾花数据集的特征分布图,如图 5-42 所示。

```
import matplotlib.pyplot as plt
import pandas as pd
import numpy as np
data = pd.read_csv('iris.txt',",",header=None)          #读取鸢尾花数据文件
df=pd.DataFrame(data)                                    #转换为 DataFrame 数据类型
df.columns = ['LenPetal','LenSepal']                     #花瓣长度、花萼长度两个特征
plt.rcParams['font.sans-serif']=['SimHei']               #显示中文
#===========图表 1=============
plt.figure(figsize=(10, 10))
plt.subplot(2,2,1)
plt.xlabel("Len of Petal", fontsize=10)                  #横轴标签
plt.ylabel("Len of Sepal", fontsize=10)                  #纵轴标签
plt.title("花瓣/花萼长度散点图")                          #图表标题
plt.scatter(df['LenPetal'],df['LenSepal'],c='red')       #绘制两个特征组合的数据点
#===========图表 2=============
plt.subplot(2,2,2)
plt.title("花瓣长度直方图")
plt.xlabel("Len of Petal", fontsize=10)                  #横轴标签
plt.ylabel("count", fontsize=10)                         #纵轴标签
plt.hist(df['LenPetal'],histtype ='step')                #绘制花瓣长度分布直方图
#===========图表 3=============
x=np.arange(30)
plt.subplot(2,2,3)
plt.xlabel("Index", fontsize=10)                         #横轴标签
plt.ylabel("Len of Sepal", fontsize=10)                  #纵轴标签
plt.title("花萼长度条形图")
plt.bar(x,height=df['LenSepal'], width=0.5)              #绘制花萼数据条形图
#===========图表 4=============
plt.subplot(2,2,4)
sizes = [2,5,12,70,2,9]
explode = (0,0,0.1,0.1,0,0)
labels = ['A','B','C','D','E','F']
plt.title("花瓣长度饼图")
plt.pie(df['LenPetal'][8:14], explode = explode, autopct = '%1.1f%%', labels =
labels)                                                  #饼图
plt.legend(loc="upper left",fontsize=10,bbox_to_anchor=(1.1,1.05))
plt.show()
```

5. Pandas 内嵌的绘图函数

Pandas 中内嵌的绘图函数也是基于 Matplotlib 的。Series 和 DataFrame 都包含生成各类图表的 plot()方法，默认情况下，它们生成的是线型图。

DataFrame 的 plot()方法会在一个 subplot 中为各列绘制一条线，并自动创建图例：每个 Series 的索引传给 Matplotlib，分别用于绘制 X、Y 轴。

与 Pyplot 提供的多种类型图表类似，Pandas 也可以绘制很多类型的图表。不同之处在于，Pandas 是通过 plot()方法中的 kind 参数来设置图表类型的（见表 5-4）。plot()方法基本格式如下。

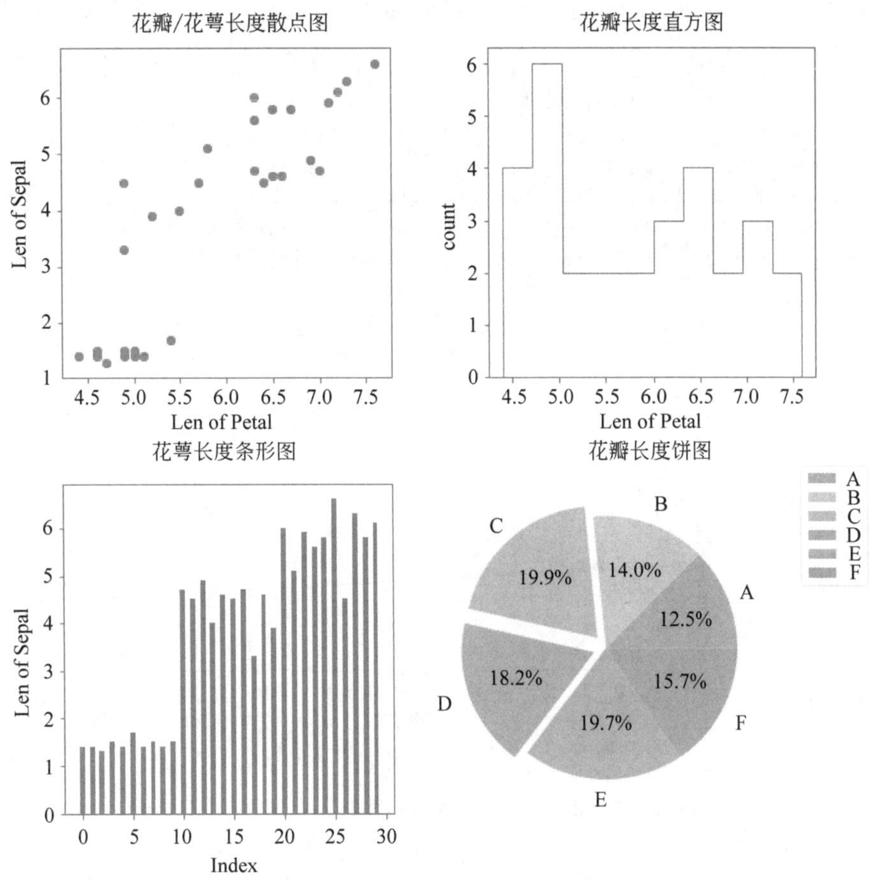

图 5-42　多个子图表达不同图表类型

```
DataFrame.plot(x=None, y=None, kind='line', ax=None, subplots=False, sharex=
None, sharey=False, layout=None, figsize=None, use_index=True, title=None,
grid=None, legend=True, style=None, logx=False, logy=False, loglog=False,
xticks=None, yticks=None, xlim=None, ylim=None, rot=None, fontsize=None,
colormap=None, table=False, yerr=None, xerr=None, secondary_y=False, sort_
columns=False, **kwds)
```

主要参数如下。

- x：输入的 x 数据。
- y：输入的 y 数据。
- kind：图表类型。

表 5-4　kind 值与图表类型对应表

值	图表类型	值	图表类型
'line'	默认值,线型图	'box'	箱体图
'bar'	垂直条形图	'scatter'	散点图
'barh'	水平条形图	'pie'	饼图
'hist'	直方图		

例 5-39：使用 plotdata2.txt 中的数据，绘制如图 5-43 所示的编程语言发展趋势图。

```
import pandas as pd
data = pd.read_csv('plotdata2.txt',' ',header=None)
df=pd.DataFrame(data)
df.columns=(['python','php','java'])
ax=df.plot(title='User number of language')
ax.set_xlabel('Month')                              #设置 X 轴标签
ax.set_ylabel('Number of users(Million)')           #设置 Y 轴标签
```

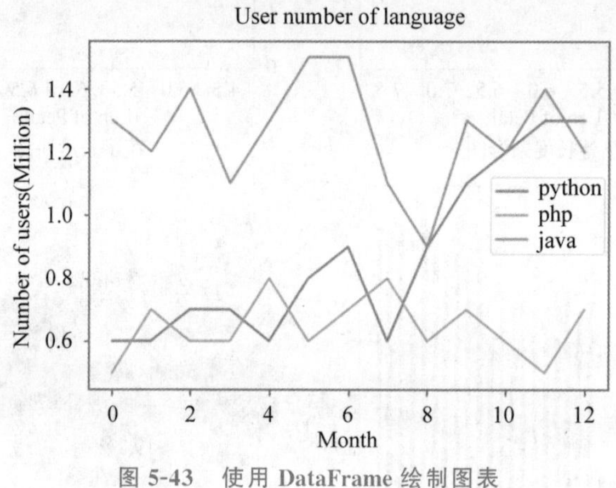

图 5-43　使用 DataFrame 绘制图表

例 5-40：为 Series 数据绘制如图 5-44 所示的图表。

```
import pandas as pd
import numpy as np
from pandas import Series, DataFrame
import matplotlib.pyplot as plt

#cumsum()函数累加数据
s1 = Series(np.random.randn(1000)).cumsum()
s2 = Series(np.random.randn(1000)).cumsum()

plt.subplot(211)            #第一个子图
#kind 参数修改图类型
ax1=s1.plot(kind='line',label='S1',title='Figures of Series', style='--')
#绘制第二个 Series
s2.plot(ax=ax1,kind='line',label='S2')
plt.ylabel('value')
plt.legend(loc=2)           #设置图例位于右上方(参数值为 2 表示右上)

plt.subplot(212)            #第二个子图
s1[0:10].plot(kind='bar',grid=True,label='S1')
plt.xlabel('index')
plt.ylabel('value')
```

大部分处理数据及显示数据的场合都离不开 NumPy、Pandas 和 Matplotlib。此外，还有其他一些模块，共同构成了数据分析的基础库。

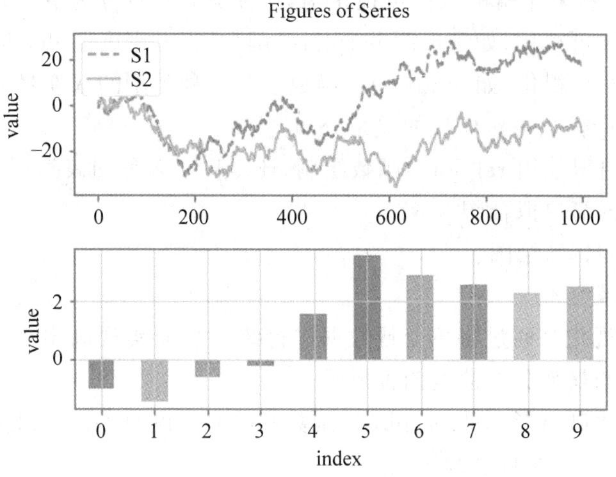

图 5-44　使用 Series 数据绘制图表

5.2.2　Seaborn 模块

而除了 Matplotlib，基于 Matplotlib 开发的 Seaborn 在数据可视化方面功能也非常强大。相比于 Matplotlib 来说，Seaborn 提供更高层次的 API 函数，无须了解其底层参数，同样能够画出比较有吸引力的图表。

1. Seaborn 简介

Seaborn 是 Matplotlib 强大的一个扩展，提供了一种高度交互式界面，便于用户能够做出各种有吸引力的统计图表。可以把 Seaborn 视为 Matplotlib 的补充。同时它兼容 NumPy、Pandas 以及 SciPy 等统计模块。掌握 Seaborn 能帮助我们更高效地观察数据与图表，并且进行更加深入的了解。

Seaborn 功能非常强大，同时内容也非常丰富，总体来看有以下特点。

(1) 基于 Matplotlib 绘图风格，增加了一些绘图模式。

(2) 增加调色板功能，利用色彩丰富的图像揭示数据模式。

(3) 能够用数据子集，进行单变量和双变量对比分布绘图。

(4) 能够对数据进行聚类并可视化数据结果。

(5) 能够灵活处理时间序列数据。

(6) 能够利用网格建立复杂图表集合。

2. Seaborn 图表样式

Seaborn 要求原始数据的输入类型为 Pandas 的 DataFrame 或 NumPy 数组。在绘图之前，可以使用 set_style()函数设置 Seaborn 图表的样式主题，其格式为：

```
seaborn.set_style(style=None, rc=None)
```

主要参数如下。

- style：字典类型样式，或预设样式{darkgrid，whitegrid，dark，white，ticks}之一。
- rc：字典类型，可选。用于覆盖 Seaborn 的五种预设样式的值。

利用 set_style()进行全局性修改，会影响后面所有的图像。

Seaborn 提供了极其丰富的数据可视化函数,种类大致可分为下面几种。

(1) 单变量分布可视化,如条形图 barplot()函数、直方密度图 displot()函数等。

(2) 双变量分布可视化,如 jointplot()函数绘制多种类型的双变量分布图、pairplot()函数能够绘制数据集中任意一对变量的关系分布图。

(3) 多变量图可以使用 relplot()函数绘制,还提供了多种图表类型可以选择。

(4) 数据曲线的简单拟合图。

(5) 分类数据的特殊绘图。

3. 单变量分布可视化

单变量分布可视化是通过将单变量数据进行统计从而实现画出概率分布的功能,同时概率分布有直方图与概率分布曲线两种形式。

常见的函数有绘制条形图的 barplot()函数和绘制密度直方图的 displot()函数等,能够对单变量分布进行统计,并自动画出图表。

将数据绘制成条形图可以使用 Seaborn 的 barplot()函数,格式如下。

```
seaborn.barplot(x=None, y=None, hue=None, data=None, order=None, hue_order=None, estimator=<function mean>, ci=95, n_boot=1000, units=None, orient=None, color=None, palette=None, saturation=0.75, errcolor='.26', errwidth=None, capsize=None, dodge=True, ax=None, **kwargs)
```

主要参数如下。

- x,y,hue:数据字段变量名。
- data:DataFrame,数组或数组列表,用于绘图的数据集。
- order,hue_order:字符串列表,作用是指定分类顺序。
- estimator:可回调函数,设置每个分类箱的统计函数。
- color:Matplotlib 颜色。
- palette:调试板名称,列表或字典类型,设置 hue 指定的变量的不同级别颜色。
- kwargs:其他关键字参数。

返回值如下。

ax:Matplotlib 的轴,返回绘制在其上的图的 Axes 对象。

例 **5-41**:绘制默认颜色的条形图。

```
%matplotlib inline
import seaborn as sns
import numpy as np
import matplotlib.pyplot as plt

x = np.arange(8)
y = np.array([58,89,36,104,73,61,80,26])

sns.barplot(x,y)        #使用 barplot()函数绘制条形图
plt.show()
```

绘制的图表如图 5-45 所示。

可以使用 DataFrame 数据作为图表的数据源,还可以设置图表的主题。

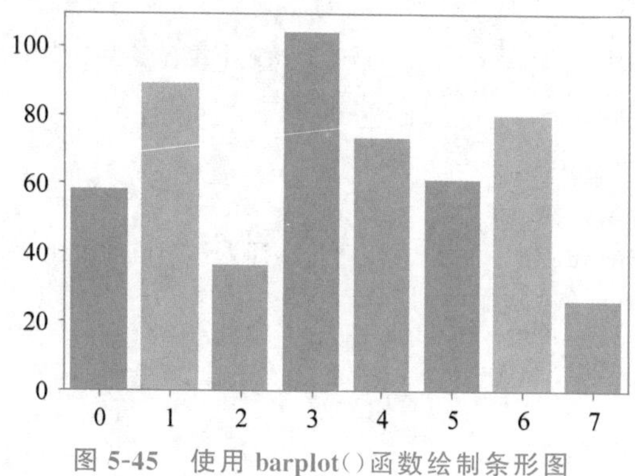

图 5-45　使用 barplot()函数绘制条形图

```
%matplotlib inline
import seaborn as sns
import numpy as np
import pandas as pd
import matplotlib.pyplot as plt

x = np.arange(8)
y = np.array([58,89,36,104,73,61,80,26])

df = pd.DataFrame({"Grade": x,"Number": y})
sns.set_style('darkgrid')                          #设置图表的主题风格
sns.barplot("Grade","Number",data=df)              #设置图表的 X、Y 轴标签
plt.show()
```

绘制的图表如图 5-46 所示。

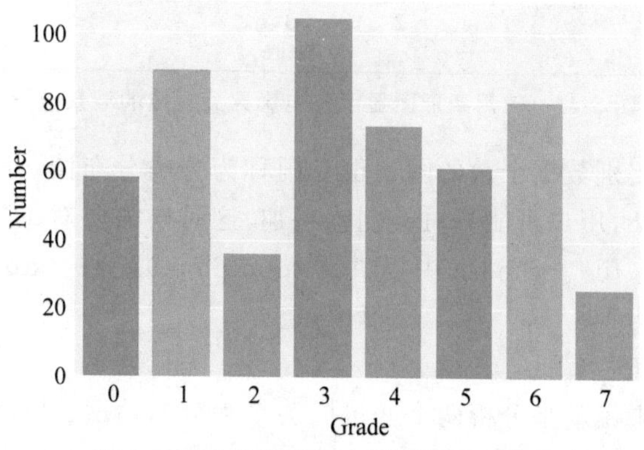

图 5-46　设置图表的主题风格及轴标签

例 5-42：使用条形图显示各电影评分对应的观众数量。

```
import pandas as pd
import matplotlib.pyplot as plt
import seaborn as sns
f = open('score.txt',encoding='UTF-8')
data=pd.read_csv(f,sep='\t',header=None,names=['Index','uNo','uAge','uOccup',
'filmNo','filmName','url','score','timestamp'])
```

```
#评分比例
rate = data['score'].value_counts()      #统计共有多少个值
print('评分\t 人数: ')
print(rate)
sns.set_style("whitegrid")
x=rate.index
y=rate.values/sum(rate)                  #计算各个值的占比
data1=pd.DataFrame({'Score':x,'Percent':y})
bar_plot = sns.barplot('Score','Percent',data=data1,palette="Blues")
plt.show()
```

绘制的图表如图 5-47 所示。

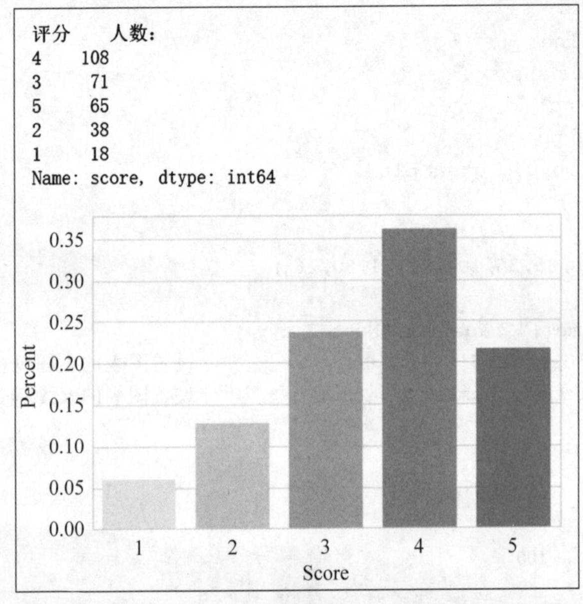

图 5-47 使用条形图显示各电影评分对应的观众数量

像这样统计各个类别数据个数的图表也专门称为分类分布图。随着数据增加,分类数据的离散图会变得复杂,用户可能只对类别感兴趣,这时候需要对每类数据进行分布统计,这就是分类分布图的来历。Seaborn 中提供的 countplot()函数、catplot()函数等都可以绘制分类分布图。

4. 双变量分布

双变量分布通俗来说就是分析两个变量的关系和分布情况。Seaborn 中常用的绘制数据关系图的是 relplot()函数,提供了多种可视化数据变量之间关系的方法,通过 kind 参数选择要使用的方法,并通过 hue、size 和 style 等参数来显示数据的不同子集,能够绘制常见的关系图形,如直方图、密度图、散点图和线型图。此外,对于其中最为常见的散点图和线形图,Seaborn 也专门提供了 scatterplot()和 lineplot()函数。

Seaborn 在 Matplotlib 基础上进行了更高级的处理,作图更加容易,图表更加丰富,经常能作出很具有吸引力的图,不过 Matplotlib 也能制作出有特色的图。二者都是 Python 数据可视化的重量级工具,对数据分析和数据挖掘具有重要意义。

5.2.3　习题与实践

1. 填空题

(1) Matplotlib 的 pyplot 子模块中，能创建空白画布并指定画布大小的是________函数。

(2) 语句 plt.subplots(4,4) 能够建立一个包含________个子图的图表。

2. 选择题

(1) 想要展示 10 月份的气温变化趋势，适合的图表类型是(　　)。

A. 散点图　　B. 饼图　　C. 曲线图　　D. 以上都可以

(2) 使用 Seaborn 模块，想要展示 0～15 岁儿童的成绩与视力的相关性，最好使用(　　)。

A. 单变量分布类图表

B. 双变量分布类图表

C. 单变量和双变量图表都可以

D. 单变量和双变量图表都不可以

第6章 电信行业客户行为分析与流失预警

本章概要

随着科学技术的发展和企业经营水平的不断提高，产品和服务的差异越来越小，市场上雷同、相近的产品与服务越来越多，竞争品牌之间的差异也越来越小，客户因改变品牌所承受的风险也大大降低。因此，当前企业普遍存在客户容易流失的问题。

客户流失是指客户由于种种原因不再继续购买企业产品或服务，而转向购买其他企业产品或服务的现象。企业要想创造更多价值，不但要服务好留存的客户，还要想办法让流失的客户返回，从而为企业经营创造价值。

客户为什么会流失？什么样的客户容易流失？这是很多企业需要了解的关键问题，从而在产品业务推广过程中，采用多种手段防止客户流失。例如，一方面可以优化产品质量；另一方面，可以分析相关的客户数据，开发针对性的客户保留服务。

学习目标

通过本章的学习，要求达到以下目标：

(1) 了解商业数据的查看方法。

(2) 掌握数据的分析方法。

(3) 理解数据的统计信息和预处理过程。

(4) 掌握数据可视化方法。

(5) 掌握数据特征的提取和展示。

6.1 客户流失分析

客户流失分析是对那些终止了本企业的业务或转向其他公司服务的客户，了解其历史行为数据、客户基础信息、客户拥有的产品信息等，通过数据挖掘手段，综合考察流失客户的特点和相关因素，从而发现与流失现象密切相关的特征。

在此基础上，可以提前一定时间预测用户的流失倾向，建立预测模型。并为相关业务部门提供有流失倾向的用户名单和这些客户的行为和特征，以便制定恰当的营销策略，采取针对性措施挽留客户。

6.1.1　客户流失分析的核心问题

在进行客户流失分析时，需要解决以下几个问题。

- 哪些客户可能流失。
- 客户可能在何时流失。
- 客户为什么流失。
- 流失的影响。
- 制定的保留措施。

客户为什么流失是一个多方面的问题，流失的影响也是巨大的。不过可以通过客户信息和业务数据分析，提前挖掘出哪些客户可能流失、客户可能在何时流失，从而制定相关保留措施。

1. 哪些客户可能流失

在分析时可以将所有客户分为两类：流失与不流失。选择适合的流失客户名单和流失客户的属性数据组成数据集，包括客户的历史行为数据、客户基础信息、客户购买的产品信息等。

通过数据分析，查看特征关联关系，可以发现怎样的规则会导致客户流失，也可以发现与目标变量(是否流失)关系最为紧密的用户属性。

2. 客户可能在何时流失

通过数据分析可以告诉分析人员在某种情况下，客户可能流失，而且还可以分析出在这种情况下客户何时会流失。

对每个客户计算出初始留存数据，以及随着时间和客户行为的变化，客户流失的变化。查看当哪些特征达到一定的阈值后，客户就可能流失。

3. 查找客户流失的原因

客户流失对公司影响巨大，可以通过对用户进行分析，洞察客户流失的原因，从而制定保留措施。

6.1.2　流失客户分析

为流失的客户进行数据特征分析，能够了解到需要重点关注的人群以及该群体特征。流失客户分析可以从以下几个角度进行。

1. 客户特征画像

每一个客户都是独一无二的，如果仔细去看每一个客户个体，人人都有不同特征。无论是基础的客户档案、客户身份、特征标签还是消费记录、互动记录，这些信息都同等重要并共同构成一个客户的全方位特征画像。

2. 人群细分

基于每一个客户个体的数据洞察并不意味着营销一定要区别对待每一个人，更实际的是区别对待每一群人——每一群“相似”的人，这要求品牌具备人群细分的能力。具有一个或多个相同特征的人构成一个细分，细分是大部分精准营销的目标，也是客户特征分析的颗粒度。对客户进行细分的能力是分析洞察和精准营销的核心基础。

3. 人群特征分析

人群特征分析能够帮助企业或品牌回答如下问题：不同特征维度(例如，人口属性、消费习惯、会员等级)的人群分布和数量，以及一定时间段内符合特定特征的人数变化。

4. 消费行为特征分析

消费行为数据含金量很高。当收集和整理消费行为数据后，企业或品牌需要对积累的大量数据进行分类、加工和分析，形成客户洞察。这些洞察可更好地帮助企业优化消费转化的引导策略，或把相同人群的消费和非消费特征进行比较，以形成新的洞察(例如，发现高潜力的潜在高消费人群)。

5. 组合分析

在具备数据和不同维度的分析工具后，需要进一步将不同维度的分析进行组合，以产生新的洞察。例如：

- 分析不同人群的同维度分析结果，找出人群差异或行为表现和人群特征的关系。
- 一定时间周期内，特征人群的数量变化，行为或者特征的变化趋势。
- 特定行为分析路径中，对特定步骤或人群的数据进行挖掘，找到更深层的特征和行为原因。

6.2 数据获取

以电信行业为例，由于市场的开放和各企业的营销竞争，客户流失也是行业中的普遍问题。客户是企业的重要资源，也是企业无形的资产。客户的流失也意味着资产的流失，因此进行客户流失分析是非常重要的。通过客户流失分析，从而有针对性地制定策略阻止客户流失，提高企业的营利水平和竞争力。

电信企业在不断发展新客户的同时，对原有的存量客户缺乏足够的重视，造成严重的客户流失现象。居高不下的客户流失率对企业的发展造成了极大的阻碍，使企业信誉下滑、利润额下降。所以对现存的客户资源进行合理管理，防止客户流失行为，是一个值得研究的课题。

本项目使用电信行业客户流失情况数据集，即文件 WA_Fn-UseC_-Telco-Customer-Churn.csv。数据来自于 kaggle 网站。

电信客户数据集的结构说明：电信客户流失数据集共 7043 行(记录)，21 列(属性)。每行代表一个客户，每列包含该列描述的客户属性。属性共有 20 个输入特征以及 1 个目标特征。各个属性含义如表 6-1 所示。

表 6-1 数据集的列属性描述

属　性	含　义
customerID	客户编号
gender	性别(Male/ Female)
SeniorCitizen	是否属于老年人(1：是；0：不是)
Partner	是否有伴侣(Yes/No)

续表

属　性	含　义
Dependents	是否有受赡养者(Yes/No)
tenure	在网时长(单位：月)
PhoneService	是否开通电话服务(Yes/No)
MultipleLines	是否开通多线服务(Yes/No)
InternetService	上网服务提供商(DSL/Fiber optic/No)
OnlineSecurity	是否开通在线安全服务(Yes/No)
OnlineBackup	是否开通在线备份服务(Yes/No)
DeviceProtection	是否开通设备保护(Yes/No)
TechSupport	是否开通技术支持服务(Yes/No)
StreamingTV	是否开通 stream TV 服务(Yes/No)
StreamingMovies	是否开通 stream movie 服务(Yes/No)
Contract	合同期方式(Month-to-month 按月/One year 一年期/Two year 两年期)
PaperlessBilli	是否采用无纸的电子账单(Yes/No)
PaymentMethod	支付方式(Electronic check 电子支票,Mailed check 邮寄支票,Bank transfer 银行转账,Credit card 信用卡)
MonthlyCharges	每月缴纳的费用(单位：元)
TotalCharges	历史总缴纳费用(单位：元)
Churn	客户是否已流失(Yes/No)

【任务 1】 探索数据集

根据前面学过的知识,可以从 Excel 数据分析和 Python 数据分析两个途径对数据集进行探索。首先使用 Excel 对数据集进行查看。

例 6-1：使用 Excel 工具探索电信客户流失数据集。

(1) 使用 Excel 打开 WA_Fn-UseC_-Telco-Customer-Churn.csv 文件,将文件另存为 WA_Fn-UseC_-Telco-Customer-Churn.xls。

(2) 打开 WA_Fn-UseC_-Telco-Customer-Churn.xls 文件。

(3) 使用分类汇总查看数据。由于数据量较大,为方便处理,先隐藏一部分数据列,只保留如图 6-1 所示的列。

① 对数据进行排序,设置 gender 为主要关键字,SeniorCitizen 为次要关键字。排序后单击数据列表中的任意位置,单击“数据”选项卡的“分级显示”组中的“分类汇总”按钮,弹出“分类汇总”对话框。

② 在对话框中,选择“分类字段”为 gender,“汇总方式”为“平均值”,“选定汇总项”中勾选 tenure、MonthlyCharges、TotalCharges,其他默认,如图 6-2(a)所示,单击“确定”按钮。

③ 再次单击“分类汇总”按钮,在弹出的“分类汇总”对话框中,将“分类字段”选择为 SeniorCitizen,“汇总方式”和“选定汇总项”不变,取消勾选“替换当前分类汇总”复选框,如

	B	C	F	S	T
1	gender	SeniorCitizen	tenure	MonthlyCharges	TotalCharges
2	Female	0	1	29.85	29.85
3	Female	0	10	29.75	301.9
4	Female	0	69	113.25	7895.15
5	Female	0	52	20.65	1022.95
6	Female	0	21	90.05	1862.9
7	Female	0	58	59.9	3505.1
8	Female	0	30	55.3	1530.6
9	Female	0	27	66.15	1874.45
10	Female	0	72	99.9	7251.7
11	Female	0	46	74.8	3548.3
12	Female	0	70	69.2	4872.35
13	Female	0	17	20.75	418.25
14	Female	0	63	79.85	4861.45
15	Female	0	13	76.2	981.45
16	Female	0	49	84.5	3906.7
17	Female	0	69	64.15	4254.1
18	Female	0	63	99.65	6311.2
19	Female	0	34	24.95	894.3
20	Female	0	72	107.5	7853.7
21	Female	0	47	100.5	4707.1
22	Female	0	18	54.4	957.1

Telco-Customer

图 6-1　查看部分数据列

图 6-2(b)所示，单击“确定”按钮，完成分类汇总。

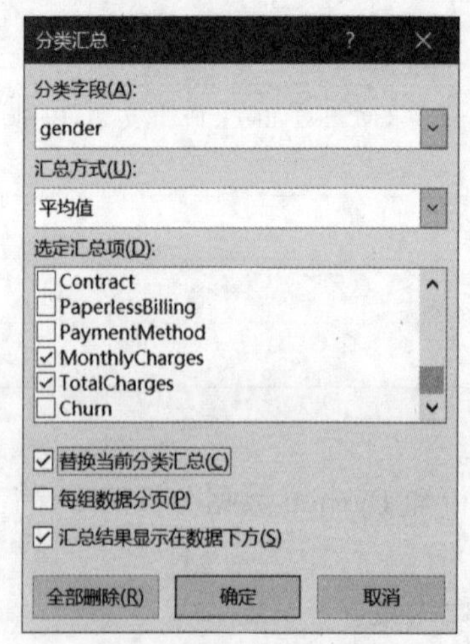

(a) 按“性别”进行分类汇总

(b) 再增加 “是否老年客户” 的分类汇总

图 6-2　设置分类汇总依据

④ 分类汇总的结果如图 6-3 所示。单击左侧分级显示符中的“+”/“−”按钮，显示/隐藏明细数据。

	B	C	F	S	T
1	gender	SeniorCitizen	tenure	MonthlyCharges	TotalCharges
2922		**0 平均值**	32.17	62.11	2174.71
3491		**1 平均值**	32.62	81.11	2839.93
3492	**Female 平均值**		32.24	65.20	2283.19
6474		**0 平均值**	32.21	61.59	2187.34
7049		**1 平均值**	33.96	78.54	2781.30
7050	**Male 平均值**		32.50	64.33	2283.41
7051	**总计平均值**		32.37	64.76	2283.30
7052					

图 6-3　嵌套分类汇总结果

(4) 建立数据透视表,查看数据统计情况。

① 将光标停在数据表中的任一单元格内。

② 单击“插入”选项卡的“表格”组中的“数据透视表”按钮,弹出“创建数据透视表”对话框。

③ 在弹出的对话框中,系统会自动将单元格区域添加到“表/区域”文本框中,在“选择放置数据透视表的位置”选项中选择放置数据透视表的位置,可以放置到新工作表中,也可以放置在现有工作表中,如图 6-4 所示。

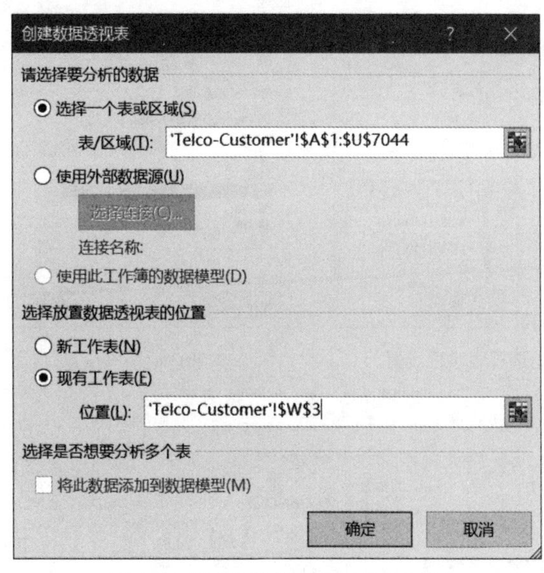

图 6-4　“创建数据透视表”对话框

单击“确定”按钮,出现“数据透视表字段”任务窗格和“数据透视表工具”选项卡。

④ 在“数据透视表字段”任务窗格中设置需要的选项。将 gender、PaymentMethod 字段直接拖曳到“数据透视表字段”任务窗格的“行”处。

⑤ 将 MonthlyCharges、TotalCharges 字段拖曳到“数据透视表字段”任务窗格的“数值”处。拖曳的数据项默认为“求和项”,分别单击这些字段右侧的下拉箭头,在弹出的快捷菜单中选择“值字段设置”命令,在弹出的“值字段设置”对话框中,选择“计算类型”中的“平均值”,并设置保留两位小数,如图 6-5 所示。

在数据透视表上右击,在弹出的快捷菜单中选择“数据透视表选项”命令,在其中的“汇总与筛选”选项卡中取消勾选“显示行总计”“显示列总计”,然后单击“确定”按钮。

制作的数据透视表结果如图 6-6 所示。

上面的数据透视表中,行方向根据性别和付款方式进行了分类,列方向代表客户是否流失。汇总了月缴费和总缴费的平均值情况。

例 6-2:使用 Python 程序对数据进行查看。

获取数据集后,第一步是去了解和熟悉数据集,熟悉数据集的结构、值域、数据分布等,并且对数据缺失、数据错误问题进行预处理。

首先读取数据 WA_Fn-UseC_-Telco-Customer-Churn.csv,并显示数据的前 5 行,代码如下。

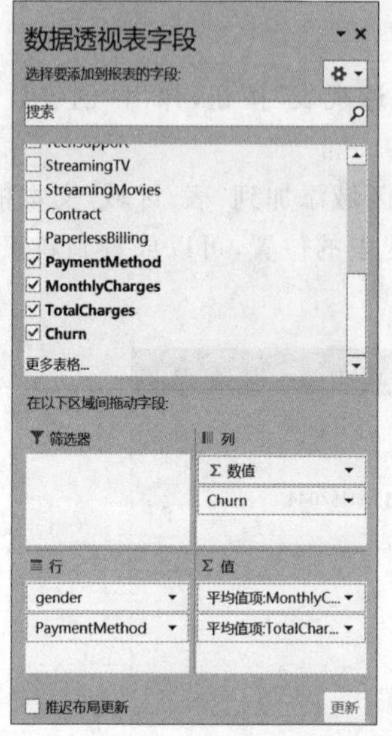

(a) 数据透视表字段设置

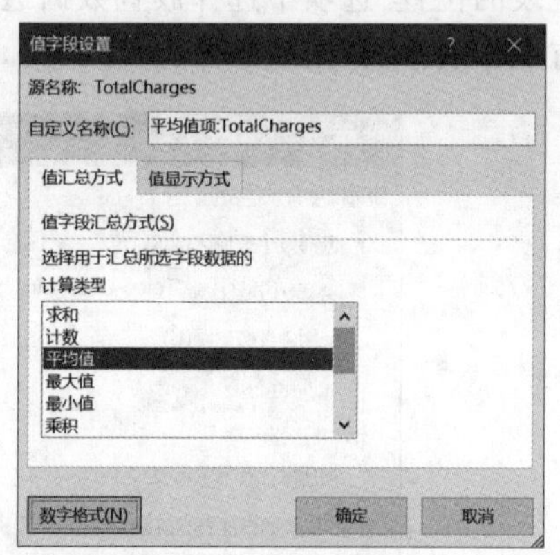

(b) “值字段设置”对话框

图 6-5　数据透视表设置

	W	X	Y	Z	AA
3		列标签			
4		平均值项:MonthlyCharges		平均值项:TotalCharges	
5	行标签	No	Yes	No	Yes
6	⊟Female	**61.66**	**74.81**	**2594.05**	**1440.98**
7	Bank transfer (automatic)	65.38	78.58	3288.14	1994.19
8	Credit card (automatic)	65.88	76.50	3302.31	2215.35
9	Electronic check	73.33	78.72	2549.29	1358.37
10	Mailed check	41.60	56.30	1214.92	550.59
11	⊟Male	**60.88**	**74.07**	**2517.74**	**1623.49**
12	Bank transfer (automatic)	64.71	77.09	3194.45	2577.06
13	Credit card (automatic)	63.34	78.46	3107.48	2525.24
14	Electronic check	75.14	78.68	2670.88	1563.76
15	Mailed check	41.23	52.90	1143.95	518.29
16					

图 6-6　电信客户流失情况数据透视表

```
import pandas as pd
df=pd.read_csv(r"WA_Fn-UseC_-Telco-Customer-Churn.csv")
df.head(5)          #显示数据前 5 行,无参数时,df.head 显示所有行
```

程序运行结果如图 6-7 所示。

	customerID	gender	SeniorCitizen	Partner	Dependents	tenure	PhoneService	MultipleLines	InternetService	OnlineSecurity	...	DeviceProtection	TechSup
0	7590-VHVEG	Female	0	Yes	No	1	No	No phone service	DSL	No	...	No	
1	5575-GNVDE	Male	0	No	No	34	Yes	No	DSL	Yes	...	Yes	
2	3668-QPYBK	Male	0	No	No	2	Yes	No	DSL	Yes	...	No	
3	7795-CFOCW	Male	0	No	No	45	No	No phone service	DSL	Yes	...	Yes	
4	9237-HQITU	Female	0	No	No	2	Yes	No	Fiber optic	No	...	No	

5 rows × 21 columns

图 6-7　例 6-2 运行结果

接下来查看数据的格式。

```
df.shape          #显示数据的形状

(7043, 21)
```

数据集共有 7043 行，21 列。还可以查看每一列的数据类型，如图 6-8 所示。

```
df.dtypes          #显示每一列的数据类型
```

```
customerID          object
gender              object
SeniorCitizen        int64
Partner             object
Dependents          object
tenure               int64
PhoneService        object
MultipleLines       object
InternetService     object
OnlineSecurity      object
OnlineBackup        object
DeviceProtection    object
TechSupport         object
StreamingTV         object
StreamingMovies     object
Contract            object
PaperlessBilling    object
PaymentMethod       object
MonthlyCharges     float64
TotalCharges        object
Churn               object
dtype: object
```

图 6-8　显示每一列的数据类型

使用 colunms 可以显示全部 21 个列名，如图 6-9 所示。

```
df.columns          #显示所有列的名称
```

```
Index(['customerID', 'gender', 'SeniorCitizen', 'Partner', 'Dependents',
       'tenure', 'PhoneService', 'MultipleLines', 'InternetService',
       'OnlineSecurity', 'OnlineBackup', 'DeviceProtection', 'TechSupport',
       'StreamingTV', 'StreamingMovies', 'Contract', 'PaperlessBilling',
       'PaymentMethod', 'MonthlyCharges', 'TotalCharges', 'Churn'],
      dtype='object')
```

图 6-9　显示所有列的名称

由于各个数据列的取值范围不同，值域也不同。可以使用 nunique()方法查看各个列的值域，观察列数据包含多少个不同的值。在 Pandas 中，unique()函数与 nunique()函数是两个关联密切的函数。unique()是以数组形式（numpy.ndarray 格式）返回列的所有唯一值（特征的所有唯一值）；nunique()返回的是唯一值的个数。

首先查看"支付方式（PaymentMethod）"字段中共有几种唯一值，代码如下。

```
df.PaymentMethod.unique()          #对字段数据去重复处理后，显示唯一值
```

运行结果如图 6-10 所示。

从结果可以看出，"支付方式"字段共有四种取值，并显示出了这四个具体的值，分别为电子支票、邮寄支票、银行转账和信用卡。

```
array(['Electronic check', 'Mailed check', 'Bank transfer (automatic)',
       'Credit card (automatic)'], dtype=object)
```

图 6-10 显示唯一值

类似地,也可以使用 nunique()函数查看数据。

```
df.PaymentMethod.nunique()          #查看字段的唯一值的数量
```

运行结果为 4,表示本列包含的支付方式数据共有四种。下面可以查看所有列的不同值数量。当不指定属性名称时,所显示的就是全部属性的内容,代码如下。

```
df.nunique()          #查看不同值
```

运行结果如图 6-11 所示。

```
customerID          7043
gender                 2
SeniorCitizen          2
Partner                2
Dependents             2
tenure                73
PhoneService           2
MultipleLines          3
InternetService        3
OnlineSecurity         3
OnlineBackup           3
DeviceProtection       3
TechSupport            3
StreamingTV            3
StreamingMovies        3
Contract               3
PaperlessBilling       2
PaymentMethod          4
MonthlyCharges      1585
TotalCharges        6531
Churn                  2
dtype: int64
```

图 6-11 查看不同值

从上面显示结果的数据可以看出,客户编号字段(customerID)为不重复项目,共有 7043 个值,即数据集中共有 7043 位不同的客户。在数据集中,这种值不重复的属性可以作为搜索客户的关键属性。

在网月数字段(tenure)共有 73 个值。合同期字段(Contract)有三种取值,分别为:一个月、一年和两年。

对数据结构和值域进行基本的查看之后,还需要对数据的一般统计汇总情况进行了解,如平均值、最大值、方差等,可以通过数值型字段的一般性描述统计来实现。

在 Pandas 模块中,可以直接使用 DataFrame 提供的 describe()方法来查看数据的描述统计。

```
df.describe()          #查看数值型列的汇总统计
```

运行后,可以获得整个数据集的基本描述统计,结果如图 6-12 所示。

从结果中可以看出,数据集中共包含三个数值型字段——是否属于老年人(SeniorCitizen)、在网月数(tenure)和月缴纳费用(MonthlyCharges),三个属性都具有 7043 个数据。

	SeniorCitizen	tenure	MonthlyCharges
count	7043.000000	7043.000000	7043.000000
mean	0.162147	32.371149	64.761692
std	0.368612	24.559481	30.090047
min	0.000000	0.000000	18.250000
25%	0.000000	9.000000	35.500000
50%	0.000000	29.000000	70.350000
75%	0.000000	55.000000	89.850000
max	1.000000	72.000000	118.750000

图 6-12　整个数据集的基本描述统计

在描述统计结果中，除了平均值(mean)、最小值(min)、最大值(max)之外，还统计了25%、50%、75%处的百分位数和方差(std)结果。

类似地，还可以单独查看字段在网月数(tenure)的信息，考察客户的在网时间长度的基本统计情况，代码如下。

```
df.tenure.describe()
```

运行结果如图 6-13 所示。

```
count    7043.000000
mean       32.371149
std        24.559481
min         0.000000
25%         9.000000
50%        29.000000
75%        55.000000
max        72.000000
Name: tenure, dtype: float64
```

图 6-13　在网时间统计

继续考察月租费的数据描述信息，如图 6-14 所示。

```
df.MonthlyCharges.describe()
```

```
count    7043.000000
mean       64.761692
std        30.090047
min        18.250000
25%        35.500000
50%        70.350000
75%        89.850000
max       118.750000
Name: MonthlyCharges, dtype: float64
```

图 6-14　月租费

本任务中，对数据集进行了基本探索，通过查看数据集的详细数据、结构、数据类型和描述统计等，能够对数据集进行初步了解和探视。

在数据分析之前，需要让数据达到一定的标准，使其符合规范性的要求，便于进行挖掘。

接下来,进行数据的规范化操作,也称为数据标准化。

6.3 数据预处理

【任务 2】 数据预处理和数据标准化

现实世界中采集到的数据很多是不完整、不一致或相互冲突的脏数据,无法直接进行数据挖掘,或挖掘结果差强人意。在进行数据分析之前,为了提高数据挖掘的质量,需要对数据进行预处理。在对调查数据进行转换或分析处理之前,首先将不规则的数据进行插值、转换、删除等处理,以利于计算机算法的运行。

数据预处理是在主要的处理之前对数据进行的一些处理。数据预处理有多种方法:数据清理、数据集成、数据变换、数据归约等。这些数据处理技术在数据挖掘之前使用,大大提高了数据挖掘模型的质量,降低实际挖掘所需要的时间。

数据的预处理也包括对所收集数据进行分类或分组前进行审核、筛选、排序等必要的处理。

1. 缺失数据的处理

在数据集中如果存在缺失值,通常显示为 NA(Not Available,不可用)或 NaN(Not A Number,非数值),这类值带入后续的操作会导致处理出错。

可以预先过滤掉缺失数据,例如,使用 Pandas 提供的 dropna(),其格式为:

```
dataframe.dropna(axis)
```

对于 DataFrame 数据,dropna()方法默认丢弃所有含有缺失值的行。如果想对列进行过滤,只需将 axis 设置为 1 即可。

可以使用 dropna()函数删除缺失数值,并将处理后的数据赋给新的数据集对象并显示新数据对象,方法如下。

```
import pandas as pd
df=pd.read_csv(r"WA_Fn-UseC_-Telco-Customer-Churn.csv")
dfdrop=df.dropna(axis=0)
dfdrop
```

对电信客户数据集进行缺失值处理,会发现运行结果仍为 7043 行 21 列数据,可以看出电信客户数据集的数据质量较好,没有发现待处理的缺失值。

2. 数据标准化

数据标准化:为了让不同数量级的数据具备可比性,需要采用标准化方法进行处理,以消除不同量纲单位带来的数据偏差。

标准化处理后,各数据指标处于同一数量级,适合进行综合对比评价,这就是数据标准化操作的目的。

例如,在航空运输数据中,货物的质量和运费两列数值的量级很可能不同,如果绘制在同一幅图中,相对位置就很难表达出来。这时可以进行归一化等数据标准化操作,方便后面处理。标准化是数据预处理的核心组成,常见的数据标准化操作有 Z-Score 标准化、归一化、正则化等。

在数据处理中难免遇到需要将连续型数值转为分类型，例如，有一组年龄数据的切分成离散的区间，如果仅凭人工输入判断大小未免有些效率低。有一种操作方法是将数据分段，即将数据切分成多个组，每个组添加标签，实现标准化的目的。

数据分段可以使用 Pandas 的 cut()函数，用于对数据从最大值到最小值进行等距划分，函数格式如下。

```
pandas.cut (x, bins, right = True, labels = None, retbins = False, precision = 3,
include_lowest=False)
```

主要参数含义如下。

x：输入待 cut 的一维数组。

bins：cut 的段数，一般为整型，但也可以为序列向量(若不在该序列中，则是 NaN)。

right：布尔值，确定右区间是否开闭，值为 True 时右区间闭合。

labels：数组或布尔值，默认为 None，用来标识划分后的 bins，长度必须与结果 bins 相等，返回值为整数或者对 bins 的标识。

retbins：布尔值，可选。是否返回数值所在分组，值为 True 则返回。

precision：整型，bins 小数精度，也就是数据以几位小数显示。

include_lowest：布尔类型，是否包含左区间。

在前面的任务 1 中，查看到客户的在网时长(tenure)字段具有 73 种不同的数值，但能够看出这些数据是不均匀的 73 个分段，不方便处理。

首先查看前 50 名客户的 tenure、MonthlyCharges 两个特征的散点分布图。使用 Matplotlib 绘图时需要注意，如果图表中需要显示中文，必须设置 rcParams 参数。例如，将图表中的字体设置为黑体，方法如下。

```
plt.rcParams['font.sans-serif']=['SimHei']

%matplotlib inline
import matplotlib.pyplot as plt
plt.figure(figsize=(6,6))
plt.rcParams['font.sans-serif']=['SimHei']    #用来正常显示中文标签
plt.scatter(df['tenure'][:50],df['MonthlyCharges'][:50])
plt.title('客户在网时长与月缴费分布图')
plt.xlabel('在网时长(月)')
plt.ylabel('月消费额(元)')
```

绘制出的散点图如图 6-15 所示。

下面使用 cut()函数对数据进行客户的在网时长进行分组操作，划分成从 0.5 年到 6 年共 12 段，并加上新的标签。

代码如下。

```
#在网时长分组/分箱操作
bins_t=[0,6,12,18,24,30,36,42,48,54,60,66,72]
level_t=['0.5年','1年','1.5年','2年','2.5年','3年','3.5年','4年','4.5年',
'5年','5.5年','6年']
df['tenure_group']=pd.cut(df.tenure,bins=bins_t,labels=level_t,right=True)
df.head(8)
```

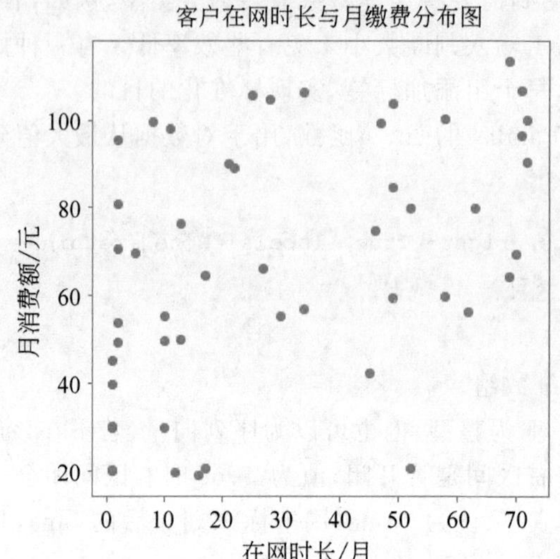

图 6-15　前 50 名客户的在网时长与月缴费分布图

通过 cut()函数的分段处理，增加了 tenure_group 列。在新增的 tenure_group 列中可以看出，在网月数由原来的 73 种数据（73 段）划分成了均匀的 12 段，分组更为科学。运行结果如图 6-16 所示。

TechSupport	StreamingTV	StreamingMovies	Contract	PaperlessBilling	PaymentMethod	MonthlyCharges	TotalCharges	Churn	tenure_group
No	No	No	Month-to-month	Yes	Electronic check	29.85	29.85	No	0.5年
No	No	No	One year	No	Mailed check	56.95	1889.5	No	3年
No	No	No	Month-to-month	Yes	Mailed check	53.85	108.15	Yes	0.5年
Yes	No	No	One year	No	Bank transfer (automatic)	42.30	1840.75	No	4年
No	No	No	Month-to-month	Yes	Electronic check	70.70	151.65	Yes	0.5年
No	Yes	Yes	Month-to-month	Yes	Electronic check	99.65	820.5	Yes	1年
No	Yes	No	Month-to-month	Yes	Credit card (automatic)	89.10	1949.4	No	2年
No	No	No	Month-to-month	No	Mailed check	29.75	301.9	No	1年

图 6-16　在网时长分组

接下来，仍然使用 cut()函数对数据集的客户月租费（MonthlyCharges）字段进行分组操作。月租费原为 1585 种数值，我们将使用分段函数 cut()将客户月租费划分为 0～120 共 7 组。代码如下。

```
#月租费分组
bins_M=[0,20,40,60,80,100,120]
level_M=['20','40','60','80','100','120']
df['MonthlyCharges_group']=pd.cut(df.MonthlyCharges,bins=bins_M,labels=
level_M,right=True)
df.head(6)          #本行修改成 df.head()，查看全部结果
```

划分结果如图 6-17 所示。

StreamingMovies	Contract	PaperlessBilling	PaymentMethod	MonthlyCharges	TotalCharges	Churn	tenure_group	MonthlyCharges_group
No	Month-to-month	Yes	Electronic check	29.85	29.85	No	0.5年	40
No	One year	No	Mailed check	56.95	1889.5	No	3年	60
No	Month-to-month	Yes	Mailed check	53.85	108.15	Yes	0.5年	60
No	One year	No	Bank transfer (automatic)	42.30	1840.75	No	4年	60
No	Month-to-month	Yes	Electronic check	70.70	151.65	Yes	0.5年	80
Yes	Month-to-month	Yes	Electronic check	99.65	820.5	Yes	1年	100

图 6-17　划分月租费

可以查看到，新增了一个 MonthlyCharges_group 列，即分组后的客户月租费属性。在这个新的 MonthlyCharges_group 列中，月缴费为 0～120 共 7 组。

再次查看在网时长与月缴费散点图，这次使用分组特征 MonthlyCharges_group。

```
%matplotlib inline
import matplotlib.pyplot as plt
plt.figure(figsize=(6,6))
plt.scatter(df['tenure'][:50],df['MonthlyCharges_group'][:50])
```

这次绘制出的散点图如图 6-18 所示。

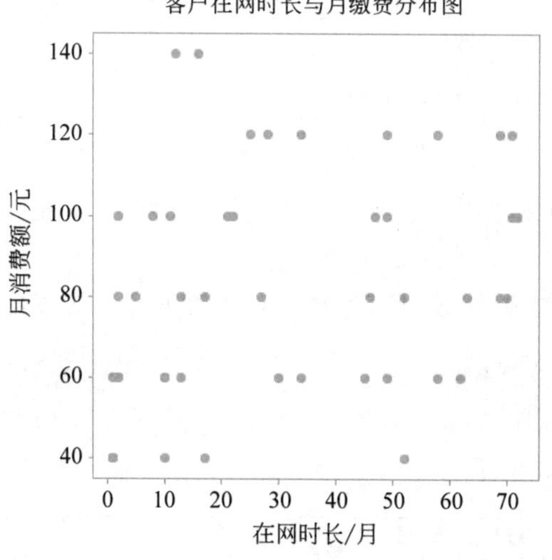

图 6-18　前 50 名客户的在网时长与月缴费分布图

接下来对不容易理解含义的数据进行修饰，例如，将 SeniorCitizen 中的 1 改为 Yes、0 改为 No；将 Churn 中的 Yes 改为非流失客户、No 改为流失客户。

```
df.SeniorCitizen=df.SeniorCitizen.replace({0:'非老年客户',1:'老年客户'})
df.Churn=df.Churn.replace({'No':'非流失客户','Yes':'流失客户'})
df[['customerID','SeniorCitizen','Churn']]
```

修改后的结果如图 6-19 所示。

统计数据集中是否老年客户的各自数量、是否流失客户的各自数量。Pandas 提供的

	customerID	SeniorCitizen	Churn
0	7590-VHVEG	非老年客户	非流失客户
1	5575-GNVDE	非老年客户	非流失客户
2	3668-QPYBK	非老年客户	流失客户
3	7795-CFOCW	非老年客户	非流失客户
4	9237-HQITU	非老年客户	流失客户
5	9305-CDSKC	非老年客户	流失客户
6	1452-KIOVK	非老年客户	非流失客户
7	6713-OKOMC	非老年客户	非流失客户
8	7892-POOKP	非老年客户	流失客户
9	6388-TABGU	非老年客户	非流失客户

图 6-19 修改后结果

value_counts()函数是一种查看表格某列中有多少个不同值的快捷方法,同时计算每个不同值在该列中有多少重复值。

统计老年客户和非老年客户的具体操作如下。

```
#统计是否老年客户的各自数量
df.SeniorCitizen.value_counts()
```

运行结果如图 6-20 所示。

```
非老年客户      5901
老年客户      1142
Name: SeniorCitizen, dtype: int64
```

图 6-20 统计是否老年客户的各自数量

从结果可以看出,数据集中非老年客户数量较大,为 5901 人;而数据集中的老年客户为 1142 人。

下面还可以用同样的方法,统计流失客户和非流失客户的各自数量,代码如下。

```
#统计是否流失客户的各自数量
df.Churn.value_counts()
```

程序运行结果如图 6-21 所示。

```
非流失客户      5174
流失客户      1869
Name: Churn, dtype: int64
```

图 6-21 统计是否流失客户的各自数量

在任务 3 中,将对用户的业务进行分类统计。通过查看数据,可以看出部分数据类型需要修改,还要一些特征的值域需要简化。

例如,特征 TotalCharges 的类型为 object 类型,可以修改成数值类型;而特征 MultipleLines 的取值有三个,分别为 Yes、No、"No phone service",根据实际含义,可以将"No phone service"替换成 No;类似地,OnlineSecurity 特征的取值有 Yes、No、"No internet service"三种,也可以将"No internet service"替换成 No。

对所有属性值进行整理后，可以进行的值域简化操作处理如下。

(1) 将 MultipleLines 中的“No phone service”替换成 No。

(2) 将 InternetService 中的“DSL”(数字网络)、“Fiber optic”(光纤网络)替换为 Yes。

(3) 将 OnlineSecurity 中的“No internet service”替换成 No。

(4) 将 OnlineBackup 中的“No internet service”替换成 No。

(5) 将 DeviceProtection 中的“No internet service”替换成 No。

(6) 将 TechSupport 中的“No internet service”替换成 No。

(7) 将 StreamingTV 中的“No internet service”替换成 No。

(8) 将 StreamingMovies 中的“No internet service”替换成 No。

(9) 将 TotalCharges 转换为数字型。

代码如下。

```
df['MultipleLines']=df['MultipleLines'].str.replace('No phone service','No')
df['InternetService']=df['InternetService'].str.replace('Fiber optic','Yes')
df['InternetService']=df['InternetService'].str.replace('DSL','Yes')
replace_list=['OnlineSecurity','OnlineBackup','DeviceProtection',
'TechSupport','StreamingTV','StreamingMovies']
for i in replace_list:
    df[i]=df[i].str.replace('No internet service','No')
df.TotalCharges=pd.to_numeric(df.TotalCharges,errors="coerce") #to_numeric()
将参数转换为数字类型,其中 coerce 表示无效的解析将设置为 NaN
df.TotalCharges.dtypes
```

运行后，业务字段只含 Yes、No 两个值；TotalCharges 字段变成 float64 类型。

6.4　流失用户的特征分析

【任务 3】　流失情况可视化

通过前两个任务中的数据探索和预处理，可以得到比较理想的数据，而且还对数据的分布情况具有基本的了解。

数据可视化是另一种探索数据的手段，可视化一般是采用图表方式。数据可视化不仅能快捷地反映整体数据情况，还具有美观、易理解、易传播的特点。对数据进行可视化呈现，可以使用 Python 的 Matplotlib 绘图模块将数据绘制成图表。

例 6-3：绘制数据集中的客户流失情况饼图。

首先读取整个数据集，在绘制整体的客户流失率分布图表时，需要对数据进行统计，这里使用 value_counts()函数。图表格式为饼图，使用 matplotlib.pyplot 子模块提供的 pie()函数。

完整代码如下。

```
%matplotlib inline
import matplotlib.pyplot as plt
import pandas as pd
df=pd.read_csv(r"WA_Fn-UseC_-Telco-Customer-Churn.csv")
df_Churn=df[df['Churn']=='流失客户']
```

```
Rate_Churn=df[df['Churn']=='流失客户'].shape[0]/df['Churn'].shape[0]
print('经计算,整体流失率={:.2%}'.format(Rate_Churn))
plt.rcParams['font.sans-serif']=['SimHei']    #用来正常显示中文标签
plt.rcParams['font.size'] = '12'
fig=plt.figure(figsize=(5,5))
plt.pie(df['Churn'].value_counts(),labels=["未流失","流失"],colors=
["whitesmoke","cyan"], explode=(0.1,0),autopct='%.2f%%', shadow=True)
plt.title('客户流失比例')
plt.legend(labels=['非流失客户','流失客户'],loc='best')
```

运行结果显示,客户整体流失率为26.58%,绘制的图表见图6-22。

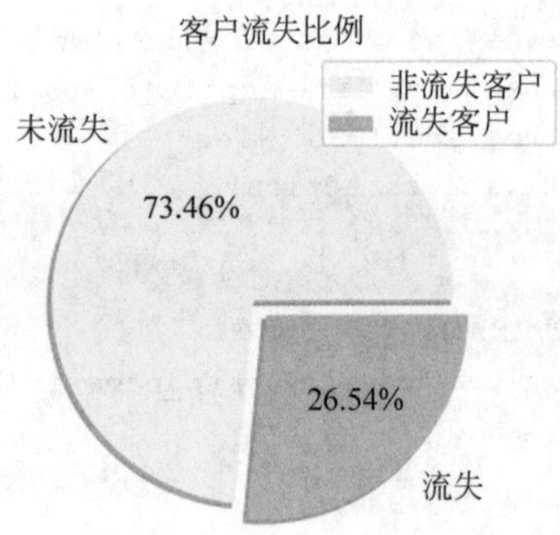

图6-22 流失客户统计情况

在客户流失情况分析中,关键问题之一是流失用户的特征是什么?根据客户数据信息,可以对指标进行归纳梳理。除了用户画像指标,还可以考察消费产品指标、消费信息指标等。

数据集共包括21个特征,在处理时可以根据需求提取对应的指标。如建立用户画像的情况下,可以建立的指标及涉及的特征如下。

人口统计指标:'gender','SeniorCitizen','Partner','Dependents'。

用户活跃度:'tenure'。

在分析消费产品方面情况时,可以采用的指标和涉及特征如下。

手机服务指标:'PhoneService','MultipleLines'。

网络服务指标:'InternetService','OnlineSecurity','OnlineBackup','DeviceProtection','TechSupport','StreamingTV','StreamingMovies'。

而在分析客户的消费信息情况时,与之有关的指标和相关特征如下。

收入指标:'MonthlyCharges','TotalCharges'。

收入相关指标:'Contract','PaperlessBilling','PaymentMethod'。

前面分析了整体流失率,接下来再分析各个主要特征(如性别、是否老年、是否单身、是否有赡养者等客户重要信息)相关的流失率情况。

例6-4:统计特定维度下的流失率。

如果统计某个维度下的流失率,需要对数据按该特征进行分组统计。对DataFrame数据进行分组可以使用DataFrame的groupby()函数。

例如,下面对性别进行分组统计,可以先使用enumerate()函数依次提取gender的各个值,然后将流失客户数据集df_Churn按性别进行分组,就可以分别显示出男性、女性流失客户的数量。代码如下。

```
df.Churn=df.Churn.replace({'No':'非流失客户','Yes':'流失客户'})
df_Churn=df[df['Churn']=='流失客户']
for i,j in enumerate(['gender']):
    print(i,j)
```

```
    print(1,df_Churn.groupby(j)['Churn'].value_counts())
    df_Churn=df[df['Churn']=='流失客户']
    print(2,df_Churn.groupby(j)['Churn'].value_counts().index.levels)
```

程序运行结果如图 6-23 所示。

```
0 gender
1 gender  Churn
Female  流失客户      939
Male    流失客户      930
Name: Churn, dtype: int64
2 [['Female', 'Male'], ['流失客户']]
```

图 6-23　例 6-4 运行结果

从结果可以看出，流失的客户中女性有 939 位、男性有 930 位，数值区别不明显，即客户的流失与性别之间没有体现出明显的相关性。

下面再以整体流失率作为标准，加入更多的特征。将整体流失率与多个单独维度的流失率做分析对比。

在顺序分析各个单独维度时，这里使用遍历函数 enumerate()，将四个特征——'gender'、'SeniorCitizen'、'Partner'和'Dependents'作为可遍历的数据对象，组合为一个索引序列。在 for 循环中，使用 enumerate()函数根据数据和数据下标依次访问各个维度特征。

图表结果绘制使用 Seaborn 数据可视化库提供的 countplot()函数，countplot()函数的格式如下。

```
seaborn.countplot(x=None,y=None, hue=None, data=None, order=None, palette=None)
```

主要参数含义如下。

x：X 轴上的条形图，以 x 标签划分统计个数。

y：Y 轴上的条形图，以 y 标签划分统计个数。

hue：在 x 或 y 标签划分的同时，再以 hue 标签划分统计个数。

data：DataFrame 或 array 列表，用于绘图的数据集，x 或 y 缺失时，data 参数为数据集，同时 x 或 y 不可缺少，必须要有其中一个。

order：对 x 或 y 的字段排序，排序的方式为列表。

palette：使用不同的调色板。

分别查看 gender(性别)、SeniorCitizen(是否老年)、Partner(有无伴侣)、Dependents(有无抚养)四个特征下的流失率，完整代码如下。

```
%matplotlib inline
import pandas as pd
import matplotlib.pyplot as plt
import seaborn as sns

#读取数据文件
df=pd.read_csv(r"WA_Fn-UseC_-Telco-Customer-Churn.csv")
df.SeniorCitizen=df.SeniorCitizen.replace({0:'No',1:'Yes'})
df.Churn=df.Churn.replace({'No':'非流失客户','Yes':'流失客户'})
#数据可视化呈现流失率
```

```
df_Churn=df[df['Churn']=='流失客户']
fig,axes=plt.subplots(2,2,figsize=(15,15))                    #包含 4 个子图
plt.rcParams['font.sans-serif']=['SimHei']                    #中文标签
plt.rcParams['font.size'] = '20'
for i,j in enumerate(['gender','SeniorCitizen','Partner','Dependents']):
    plt.subplot(2,2,i+1)                                      #第 i+1 个图
    grpCount=df_Churn.groupby(j)['Churn'].value_counts()  #X 轴标签排序依据
    ax= sns.countplot(x=j,hue='Churn',data=df,order=grpCount.index.levels[0])
    plt.title(str(j))
    plt.xlabel('Churn')
    plt.legend()
    lent=df_Churn.groupby(j)['Churn'].value_counts().shape[0]
    #计算流失率
    for p in range(lent):
        num=df_Churn.groupby(j)['Churn'].value_counts()
        total=df.groupby(j)['Churn'].size()
        Rate=num[p]/total[p]
        plt.text(p,100,'流失率\n{:.2%}'.format(Rate))
    i+=1
```

运行结果如图 6-24 所示。

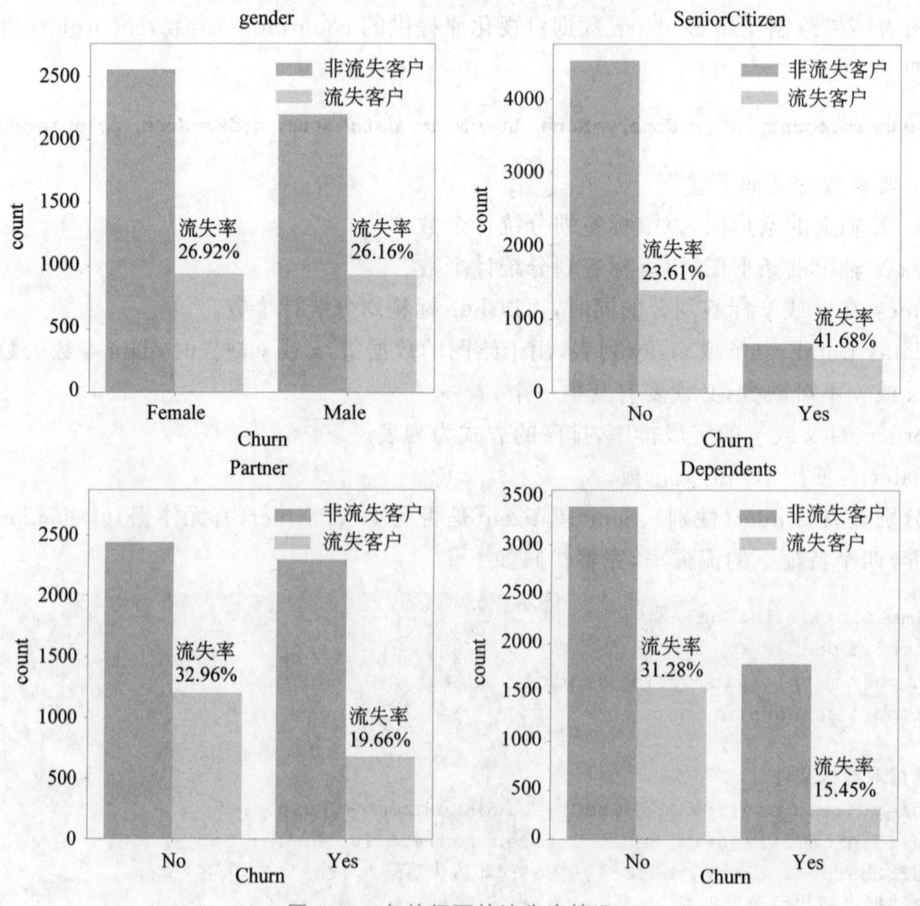

图 6-24　各特征下的流失率情况

分析各子图结果，并初步得出如下结论：

在 gender 特征下，男性与女性的客户流失率相当，可见性别对客户流失率无显著影响。

在 SeniorCitizen 特征下，老年客户的流失率为 41.68%，远远大于非老年客户的 23.61%流失率。

在 Partner 特征下，有伴侣的客户流失率为 32.96%，明显高于无伴侣客户的 19.66%流失率。

在 Dependents 特征下，有抚养者的流失率为 15.45%，远远小于无抚养者的 31.28%流失率。

可以得到易流失用户的画像：老年用户、无伴侣用户、无抚养者用户是相对的易流失客户群体。

接下来从客户订购的服务来看流失情况分析，代码如下。

```
%matplotlib inline
import pandas as pd
import matplotlib.pyplot as plt
import seaborn as sns

#读取数据文件 df=pd.read_csv(r"WA_Fn-UseC_-Telco-Customer-Churn.csv")
df['MultipleLines']=df['MultipleLines'].str.replace('No phone service','No')
df['InternetService']=df['InternetService'].str.replace('Fiber optic','Yes')
df['InternetService']=df['InternetService'].str.replace('DSL','Yes')
replace_list=['OnlineSecurity','OnlineBackup','DeviceProtection','TechSupport',
'StreamingTV','StreamingMovies']

#进行字符替换处理
for i in replace_list:
    df[i]=df[i].str.replace('No internet service','No')

#绘制图表
fig,axes=plt.subplots(3,3,figsize=(18,18))
plt.rcParams['font.sans-serif']=['SimHei'] #中文标签
df_Churn=df[df['Churn']=='Yes']

for i,j in enumerate(['PhoneService','MultipleLines','InternetService',
'OnlineSecurity','OnlineBackup','DeviceProtection','TechSupport','StreamingTV',
'StreamingMovies']):
    plt.subplot(3,3,i+1)
    ax=sns.countplot(x=j,hue='Churn',data=df,order=df_Churn.groupby(j)
    ['Churn'].value_counts().index.levels[0])
    plt.title(str(j),fontsize=15)
    plt.xlabel('Churn',fontsize=10)
    plt.xticks(fontsize=10)
    lent=df_Churn.groupby(j)['Churn'].value_counts().shape[0]
    for p in range(lent):
        num=df_Churn.groupby(j)['Churn'].value_counts()
```

```
        total=df.groupby(j,as_index=False)['Churn'].size()
        Rate=num[p]/total[p]
        plt.text(p,100,'流失率{:.2%}'.format(Rate),fontsize=12)
    i+=1
```

程序运行结果如图 6-25 所示。

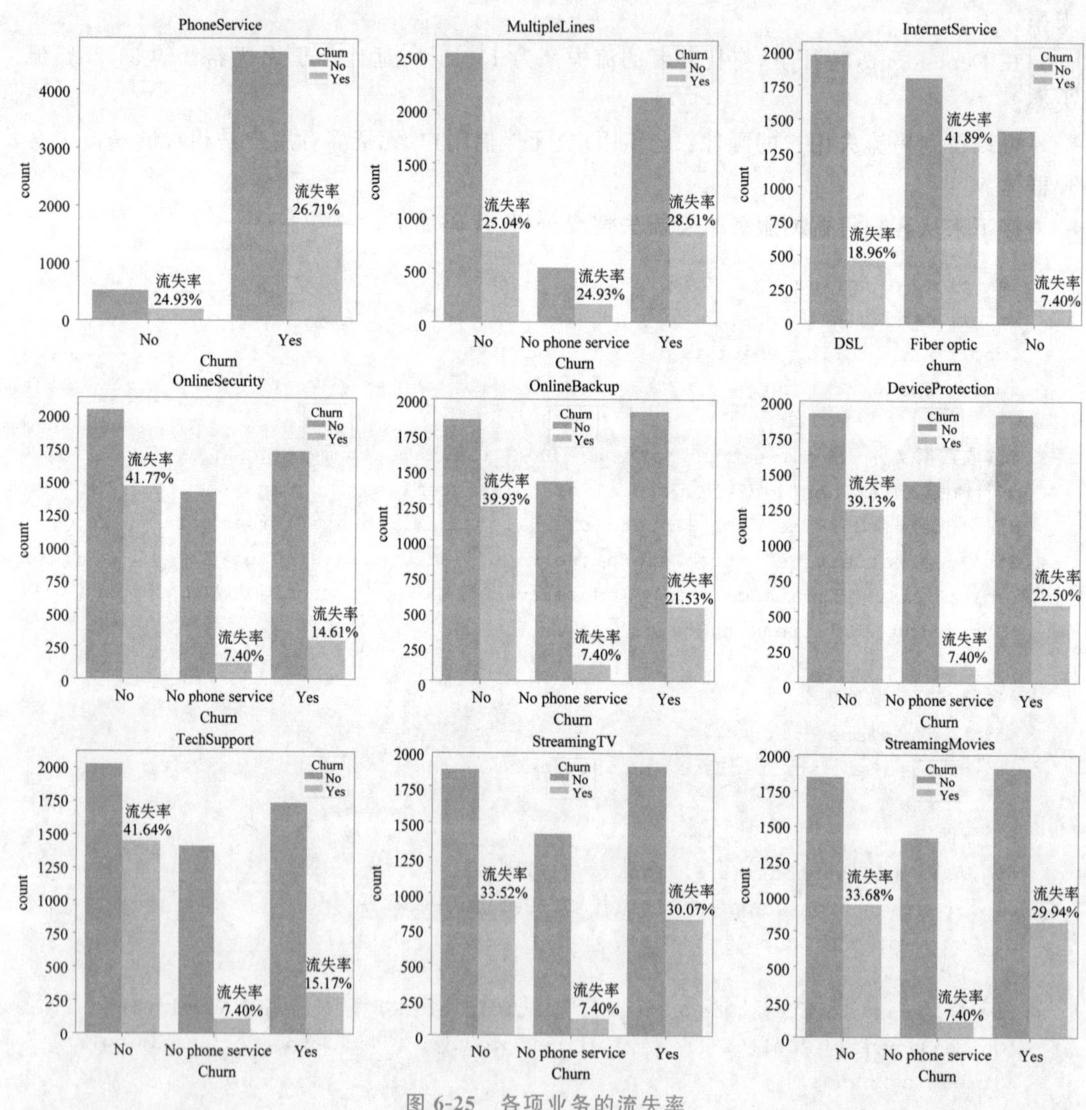

图 6-25　各项业务的流失率

从结果图可以看出，由于各项业务的数值存在冗余，所以被分成三类。例如，OnlineBackup 属性中的 No Internet service 与 No 的含义是相同的，因此可以增加数值转换的处理，将属性数值进行简化，完整代码如下。

```
%matplotlib inline
import pandas as pd
import matplotlib.pyplot as plt
```

```
import seaborn as sns

#读取数据文件
df=pd.read_csv(r"WA_Fn-UseC_-Telco-Customer-Churn.csv")
#--------------------数值转换-----------------------
df['MultipleLines']=df['MultipleLines'].str.replace('No phone service','No')
df['InternetService']=df['InternetService'].str.replace('Fiber optic','Yes')
df['InternetService']=df['InternetService'].str.replace('DSL','Yes')
replace_list=['OnlineSecurity','OnlineBackup','DeviceProtection','TechSupport',
'StreamingTV','StreamingMovies']
for i in replace_list:
    df[i]=df[i].str.replace('No internet service','No')
#--------------------绘制图表-----------------------------
fig,axes=plt.subplots(3,3,figsize=(18,18))
plt.rcParams['font.sans-serif']=['SimHei'] #中文标签
df_Churn=df[df['Churn']=='Yes']

for i,j in enumerate(['PhoneService','MultipleLines','InternetService',
'OnlineSecurity', 'OnlineBackup','DeviceProtection','TechSupport',
'StreamingTV','StreamingMovies']):
    plt.subplot(3,3,i+1)
    ax=sns.countplot(x=j,hue='Churn',data=df,order=df_Churn.groupby(j)
    ['Churn'].value_counts().index.levels[0])
    plt.title(str(j),fontsize=15)
    plt.xlabel('Churn',fontsize=10)
    plt.xticks(fontsize=10)
    lent=df_Churn.groupby(j)['Churn'].value_counts().shape[0]
    for p in range(lent):
        num=df_Churn.groupby(j)['Churn'].value_counts()
        total=df.groupby(j,as_index=False)['Churn'].size()
        Rate=num[p]/total[p]
        plt.text(p,100,'流失率{:.2%}'.format(Rate),fontsize=12)
    i+=1
```

将属性数据简化后，生成的图表如图 6-26 所示。

分析各子图结果，并初步得出如下结论。

(1) 手机服务指标：订购 PhoneService 的用户群流失率基本上与整体流失率(26.58%)持平，订购 MultipleLines 的流失率比整体流失率高。

(2) 网络服务指标：订购 InternetService 的用户流失率为 31.83%，较整体流失率偏高。

(3) 技术性服务指标：订购 OnlineSecurity、OnlineBackup、DeviceProtection、TechSupport 服务的用户流失率均比整体流失率低，而未订购的则高出整体流失率不少。

(4) 娱乐性服务指标：订购 StreamingTV、StreamingMovies 服务的用户流失率比整体的流失率高。

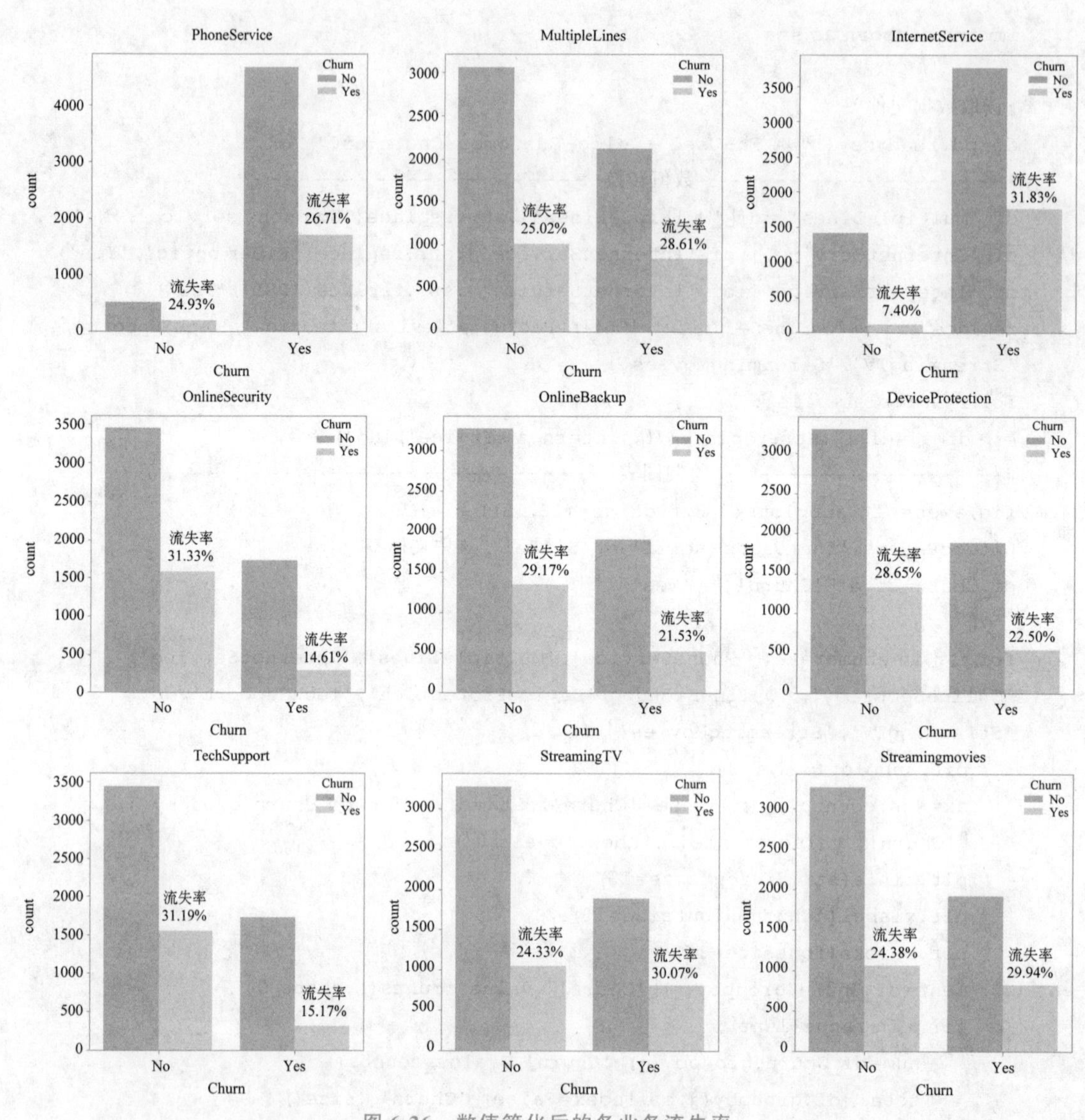

图 6-26 数值简化后的各业务流失率

6.5 流失用户分析与预警

【任务 4】 流失用户月消费流失率均值分布

消费数据通常是反映客户忠实度、消费能力等的重要指标，本任务中计算各档月消费额用户与流失率的关系。

首先，将用户按月消费数量进行分段，划分成 6 个消费档。然后，分别对各档的用户按是否流失进行分组，并统计本消费档的流失率。最后，将各档的流失率绘制成简单折线图。

```
%matplotlib inline
import pandas as pd
```

```
import matplotlib.pyplot as plt
import seaborn as sns

df=pd.read_csv(r"WA_Fn-UseC_-Telco-Customer-Churn.csv")
#月消费额分组
bins_M=[0,20,40,60,80,100,120]
level_M=['20','40','60','80','100','120']
df['MonthlyCharges_group']=pd.cut(df.MonthlyCharges,bins=bins_M,labels=
level_M,right=True)
df_Churn=df[df['Churn']=='Yes']  #Yes:流失客户
Rate_Churn=df_Churn.shape[0]/df['Churn'].shape[0]
print('经计算,整体流失率={:.2%}'.format(Rate_Churn))

num=df_Churn.groupby('MonthlyCharges_group')['Churn'].count() #pandas.Series
total=df_Churn.groupby('MonthlyCharges_group')['Churn'].count().sum()
MCharge_churn=num/total

plt.plot(bins_M[1:],MCharge_churn,linestyle='dashed', marker='o')
plt.axhline(y=Rate_Churn,ls=":",c="red")
plt.text(28,0.25,s='整体流失率均值{:.2%}'.format(Rate_Churn),fontsize=15)
plt.xlabel("用户月消费分段")
plt.ylabel("用户流失率")
plt.title('流失用户月消费流失率均值分布')

#显示数值标记值
for index in num.index:
plt.text(int(index)+0.025,MCharge_churn[index],s='{:.2%}'.format(MCharge_
churn[index]),fontsize=12)
```

绘制出的各消费档的用户流失率如图 6-27 所示，图中的水平红色虚线为总体客户流失率警戒线(26.54%)。

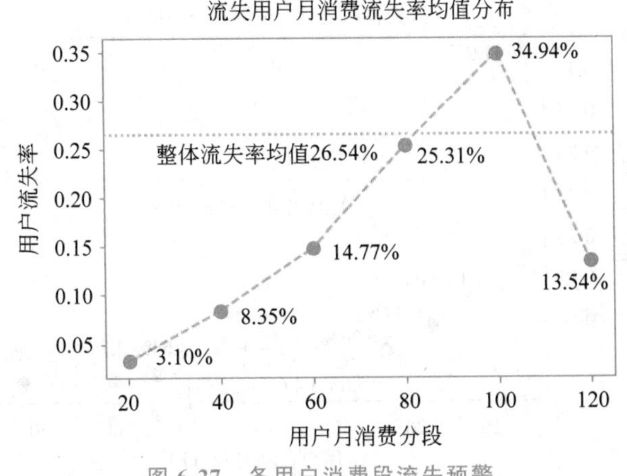

图 6-27　各用户消费段流失预警

从图中可以看出，流失率超过 26.54%水平的用户月消费档大致位于 80～110 元，即月消费在这个区间的用户更易流失。

类似地，继续分析流失率与用户在网时长的关系，代码如下。

```
%matplotlib inline
import pandas as pd
import matplotlib.pyplot as plt
import seaborn as sns
#读取数据文件
df=pd.read_csv(r"WA_Fn-UseC_-Telco-Customer-Churn.csv")
#在网时长分组/分箱操作
bins_t=[0,6,12,18,24,30,36,42,48,54,60,66,72]
level_t=['6','12','18','24','30','36','42','48','54','60','66','72']
df['tenure_group']=pd.cut(df.tenure,bins=bins_t,labels=level_t,right=True)
df_Churn=df[df['Churn']=='Yes']  #Yes:流失客户
Rate_Churn=df_Churn.shape[0]/df['Churn'].shape[0]

num=df_Churn.groupby('tenure_group')['Churn'].count()
total=df_Churn.groupby('tenure_group')['Churn'].count().sum()
tenure_churn=num/total

plt.plot(bins_t[1:],tenure_churn,linestyle='dashed', marker='o')
plt.axhline(y=Rate_Churn,ls=":",c="red") #绘制水平线
plt.text(28,0.25,s='整体流失率均值{:.2%}'.format(Rate_Churn),fontsize=15)
plt.xlabel("用户在网时长分段")
plt.ylabel("用户流失率")
plt.title('流失客户及对应在网时长均值分布')

#显示数值标记值
for index in num.index:
plt.text(float(index)+0.025,tenure_churn[index],s='{:.2%}'.format(tenure_
churn[index]),fontsize=12)
```

绘制的图表结果如图 6-28 所示。

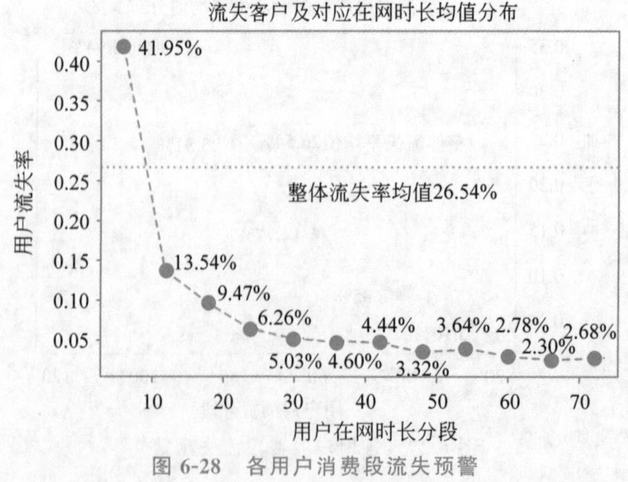

图 6-28 各用户消费段流失预警

从图表中可以得出结论：用户在网时长在 10 个月以下的用户流失率更高，在网时间越长，流失率越低。

对任务 3、任务 4 的分析进行汇总，可以初步得出以下结论。

(1) 客户整体流失率为 26.58%。

(2) 在 gender 特征下，男性与女性的客户流失率相当，可见性别对客户流失率无显著影响，即客户的流失与性别之间没有体现出明显的相关性。

(3) 流失率高的用户具有以下特征。

① 老年客户(SeniorCitizen)的流失率远远大于非老年客户。

② 有伴侣的客户(Partner)流失率明显高于无伴侣客户。

③ 有抚养者(Dependents)的流失率远远小于无抚养者用户。

④ 手机服务指标：订购 PhoneService 的用户群流失率基本上与整体流失率(26.58%)持平，订购 MultipleLines 的流失率比整体流失率高。

⑤ 网络服务指标：订购 InternetService 的用户流失率高于整体流失率。

⑥ 技术性服务指标：订购 OnlineSecurity、OnlineBackup、DeviceProtection、TechSupport 服务的用户流失率均比整体流失率低，而未订购的则高出整体流失率不少。

⑦ 娱乐性服务指标：订购 StreamingTV、StreamingMovies 服务的用户流失率比整体的流失率高。

⑧ 月消费档位于 80～110 元区间的用户更易流失，高于或低于这个区间的相对流失率较低。

⑨ 用户在网时长在 10 个月以下的用户流失率更高，在网时间越长，流失率越低。

通过上述分析，电信公司能够得到易流失用户的画像，并在开展业务过程中，重点关注易流失的客户群体。

实 验 篇

实验1

计算思维和编程思维实践

实验目的

通过程序编写和运行，理解计算思维和编程思维。

实验内容

（1）编写程序，分别输出圣诞树和史努比图案。

操作提示：

① 将圣诞树和史努比的主要特征进行抽象，并用字符图案进行描述，如图实 1-1 所示。

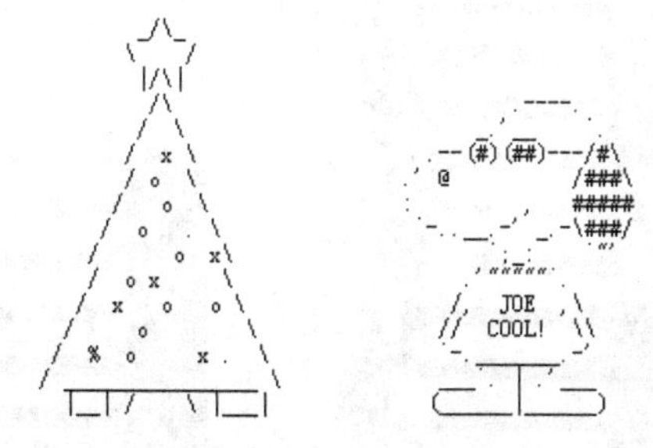

图实 1-1　圣诞树和史努比抽象字符图案

② 在浏览器中打开腾讯扣叮（https://coding.qq.com/），在右上角的“立即创作”中选择“Python 实验室”。切换到“浏览器模式”，如图实 1-2 所示。

③ 利用输出积木块输出圣诞树图案：单击“输入输出”积木分类，将 print 积木块 print "Hello, world" 拖动到编程区，在积木块中输入圣诞树字符图案的第一行字符“　　　　_/_”。重复以上操作，输出其他图案行。注意，print 积木块一次只能输出一行文字。圣诞树积木程序如图实 1-3(a)所示。单击“运行”按钮，在“文本输出区”中查看输出结果。

④ 利用输出积木块输出史努比图案：操作参考步骤③。史努比积木程序如图实 1-3(b)所示。

⑤ 单击编程区右上角的 </> 按钮查看 Python 程序代码，圣诞树 Python 程序代码如下。

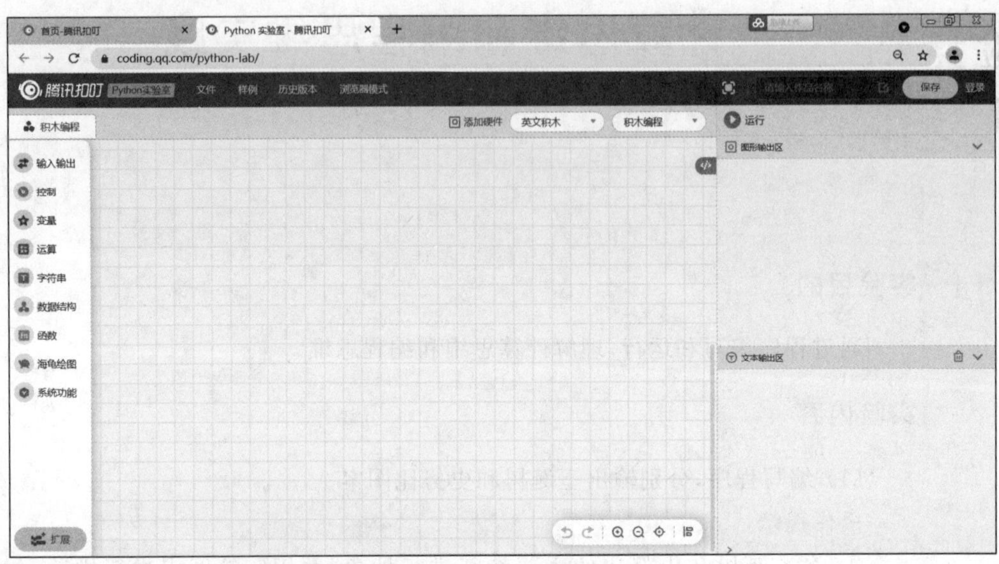

图实 1-2　Python 实验室浏览器模式

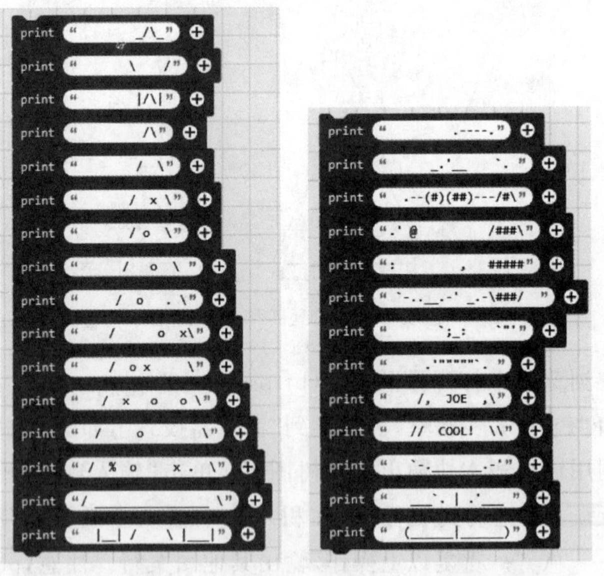

(a) 圣诞树　　　(b) 史努比

图实 1-3　积木程序示例

```
print('          _/\\_')
print('         \\    /')
print('          |/\\|')
print('           /\\')
print('          /  \\')
print('         /  x \\')
print('         / o  \\')
print('        /   o  \\ ')
print('       /  o   . \\')
print('      /       o  x\\')
print('      /  o x     \\')
print('     /  x   o   o \\')
print('    /     o        \\')
print(' /  %  o     x .  \\')
print('/ _______________ \\')
print('  |__| /    \\ |___|')
```

⑥ 史努比 Python 程序代码如下。

```
print('           .----.')
print("        _.'__     `. ")
print('  .--(#)(##)---/#\\')
print(".' @          /###\\")
print(':         ,   #####')
print(" `-..__.-' _.-\\###/  ")
print('       `;_:    `"\'')
print('     .\'"""""`. ')
print('    /,  JOE  ,\\')
print('   //  COOL!  \\\\')
print("   `-._______.-'")
print("   ___`. | .'___ ")
print('  (______|______)')
```

(2) 编写程序,实现一个加法计算器,输入两个数,自动计算两数相加的和。

操作提示:

① 在腾讯扣叮“Python 实验室”的“浏览器模式”下进行程序编写。

② 单击“变量”,创建变量 a 和 b,分别表示两个加数。

③ 使用的积木块如表实 1-1 所示。加法计算器程序如图实 1-4 所示。

表实 1-1　积木块说明

积木分类	积　木　块	功　　能
输入输出	print “Hello, world”	输出
	input “你的名字？”	获得用户输入数据
变量	set a = 1	为变量赋值
运算	1 + 1	运算,包括加、减、乘、除、乘方(^)
字符串	float “1”	把字符串转换为数值,float 为小数,int 为整数

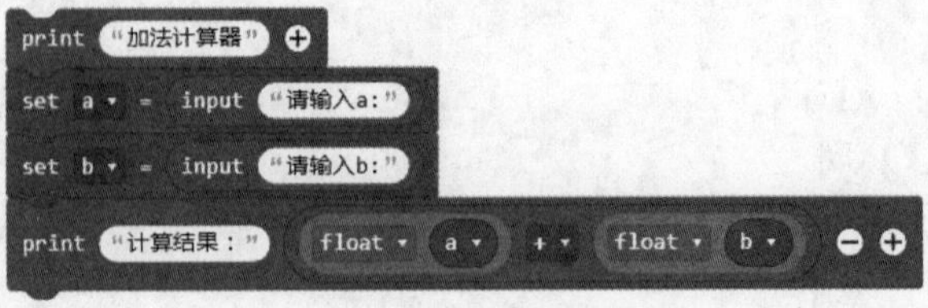

图实 1-4 积木程序示例

④ Python 程序代码如下。

```
print('加法计算器')
a = input('请输入 a:')
b = input('请输入 b:')
print('计算结果: ', (float(a) + float(b)))
```

(3) 编写程序,解决鸡兔同笼问题:如果鸡和兔共有 200 个头,524 只脚,那么鸡和兔分别是多少只?

操作提示:

① 在腾讯扣叮“Python 实验室”的“浏览器模式”下进行程序编写。

② 单击“变量”,创建变量 x 和 y,其中,x 表示鸡的数量,y 表示兔子的数量。

③ 使用的新积木块如表实 1-2 所示。加法计算器程序如图实 1-5 所示。

表实 1-2 积木块说明

积木分类	积 木 块	功 能
控制	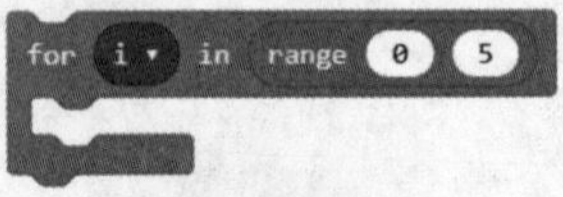 for i in range 0 5	range(a,b)表示生成一个从 a 开始,到 b 结束(不包括 b),步长为 1 的序列 把生成的序列值依次赋值给 i,循环执行某个操作
变量	 if	条件判断,如果 if 后面的条件成立,则执行某个操作
运算	 ==	比较判断,包括大于(>)、小于(<)、大于或等于(>=)、小于或等于(<=)、不等于(!=)、等于(==)

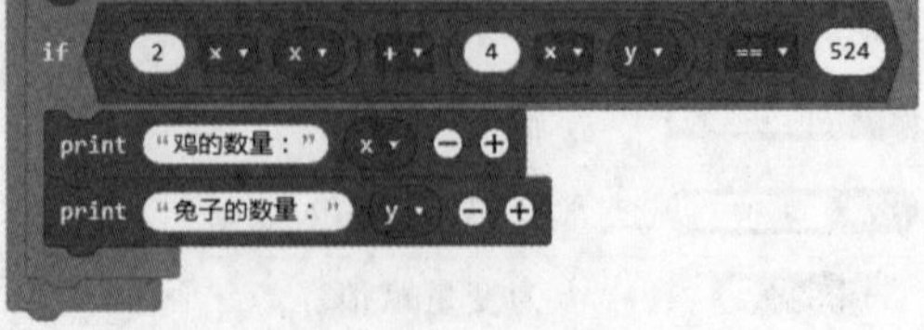

图实 1-5 积木程序示例

④ Python 程序代码如下。

```
for x in range(1, 201):
    y = 200 - x
    if 2 * x + 4 * y == 524:
        print('鸡的数量: ', x)
        print('兔子的数量: ', y)
```

实验2 数据的输入和输出

实验目的

掌握利用Python语言实现数据的输入和输出，能够利用输出语句实现简单的计算、设置输出的格式。

实验内容

（1）编写Python程序，根据提示输入相应的信息，并显示在屏幕上。执行后在交互式环境中，程序输出如图实2-1所示，其中带下画线的文字是用户输入的信息，其他文字是程序输出的内容。

```
================
欢迎来到Python的世界！
请根据提示录入你的基本信息！
请输入你的姓名：小明
你好！  小明
请问你来自哪里？北京
哇哦！北京是一个美丽的地方哦！
请问你的班级有多少位男生？20
请问你的班级有多少位女生？32
了解了。你们班级的学生总数是： 52
>>>|
```

图实2-1　程序输出示例

（2）编写Python程序，按照图实2-2的格式输出英文诗歌。

《NEVER GIVE UP》
Never give up,
Never lose hope.
Always have faith,
It allows you to cope.
Trying times will pass,
As they always do.
Just have patience,
Your dreams will come true.
So put on a smile
You'll live through your pain.
Know it will pass,
And strength you will gain.

```
================
* ------------ 《NEVER GIVE UP》 ------------ *
*                                            *
*              Never give up,                *
*             Never lose hope.               *
*            Always have faith,              *
*          It allows you to cope.            *
*         Trying times will pass,            *
*           As they always do.               *
*           Just have patience,              *
*       Your dreams will come true.          *
*             So put on a smile              *
*       You'll live through your pain.      *
*            Know it will pass,              *
*        And strength you will gain.         *
>>> |
```

图实 2-2　程序输入英文诗歌

(3) 编写 Python 程序,以列表的方式实现斐波那契数列的输出,输出如图实 2-3 所示。其中,列表 1 存储原始数据[1,2,3,4,5],列表 2～列表 5 分别利用列表 $n-1$ 的各个元素进行计算得到,计算公式为:

$$L_n[i]=L_{n-1}[i]+L_{n-1}[i+1]$$

其中,L_n 表示列表变量 n,L_{n-1} 表示列表变量 $n-1$。

```
================
[1, 2, 3, 4, 5]
[3, 5, 7, 9]
[8, 12, 16]
[20, 28]
[48]
>>>
```

图实 2-3　输出斐波那契数列

实验3 数据的程序表达

实验目的

掌握Python的常用数据类型,掌握基本的数值数据运算、布尔数据运算、字符串运算、列表等的基本操作。

实验内容

(1) 编写Python程序,提示输入作业成绩、课堂练习成绩、期中考试成绩和期末考试成绩,根据各成绩所占的比例,计算学期总评成绩(保留小数点后两位)。各成绩的比例分别为10%、10%、20%、60%。注意:输入的各成绩均为百分制成绩,且均为整数。程序示例如图实3-1所示,其中,带下画线的文字是用户输入的信息,其他文字是程序输出内容。

```
================
请输入作业成绩:95
请输入课堂练习成绩:84
请输入期中考试成绩:88
请输入期末考试成绩:91
学期总评成绩为:  90.1
>>> |
```

图实3-1 程序输出示例

(2) 编写Python程序,设定用户的初始密码,实现处理如下。

① 提示输入姓名。

② 提示输入电话号码。

③ 将姓名取前3位并转换为大写字母。

④ 取电话号码的后4位,并重复两次。

⑤ 将上述③和④连接起来作为初始密码。

程序示例如图实3-2所示,其中带下画线的文字是用户输入的信息,其他文字是程序输出内容。

```
================
Enter your name:Mary
Enter your telephone:81022031
Default password is:MAR20312031
>>> |
```

图实3-2 设置初始密码示例

(3) 老师要求学生根据自己的年龄举手,她分别想找到这样的学生。

① 年龄在 22 岁以下,但不是 18 岁。

② 年龄在 16～19 岁之间,以及 21 岁。

③ 年龄大于 17 岁,但不是 20 岁或 22 岁。

④ 年龄是 16 岁、19 岁和 21 岁。

⑤ 年龄在 16～22 岁之间,但不是 18 岁。

⑥ 不是 17 岁也不是 20 岁。

请编写各自需要的布尔表达式。

(4) 编写 Python 程序,某学习小组有 6 名成员,分别输入 6 位成员的成绩(整数),并以列表的形式保存。求出小组最高分、最低分,并计算小组成绩的平均值(取整)。

注:求平均值的公式:

$$M=\frac{x_1+x_2+x_3+\cdots+x_n}{n}$$

(虽然 Python 提供了 NumPy 包和 Pandas 包都能够计算均值,但是本实验使用上述公式实现。)

程序示例如图实 3-3 所示,其中,带下画线的文字是用户输入的信息,其他文字是程序输出内容。

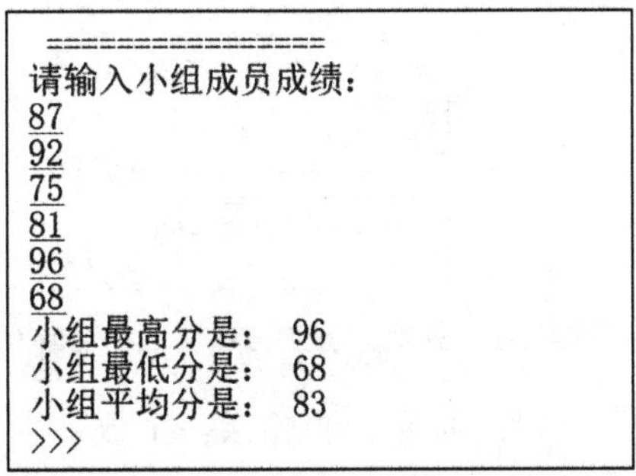

图实 3-3　小组成员最高分、最低分和平均分示例

实验4

程序运算选择

实验目的

掌握 Python 程序的选择分支处理，包括单分支、双分支、多分支和嵌套分支处理。

实验内容

（1）编写 Python 程序，提示用户输入一个数字，当输入的数字是正数时，显示“正数”。程序示例如图实 4-1 所示，其中，带下画线的文字是用户输入的信息，其他文字是程序输出内容。

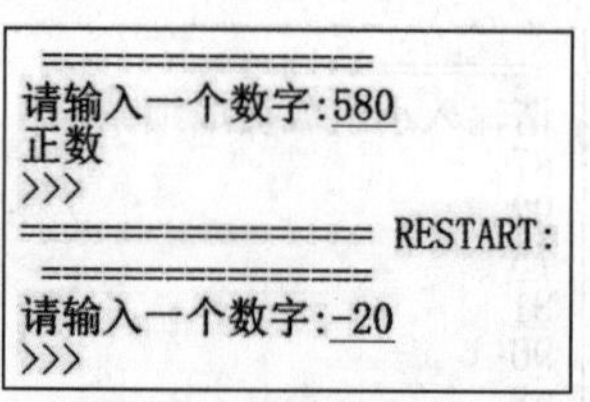

图实 4-1　分别输入正数和负数时程序的输出示例

（2）编写 Python 程序，提示用户输入一个数字，当输入的数字是正数时，显示“正数”；否则显示“非正数”。程序示例如图实 4-2 所示，其中，带下画线的文字是用户输入的信息，其他文字是程序输出内容。

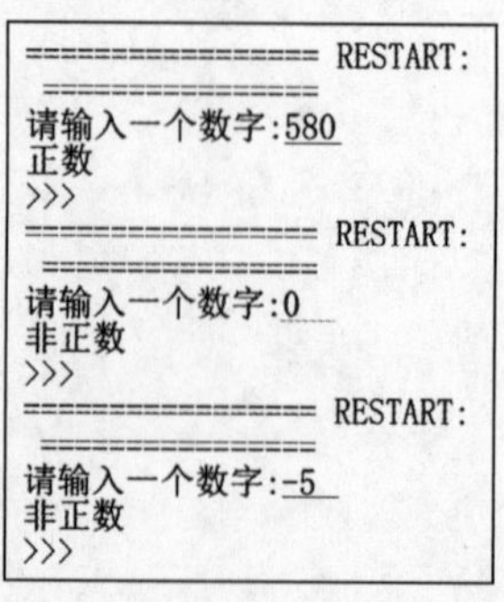

图实 4-2　分别输入正数、零和负数时程序的输出示例

（3）编写 Python 程序，提示用户输入一个数字，当输入的数字是正数时，显示“正数”；当输入的数字是负数时，显示“负数”；否则显示“零”。程序示例如图实 4-3 所示，其中，带下画线的文字是用户输入的信息，其他文字是程序输出内容。

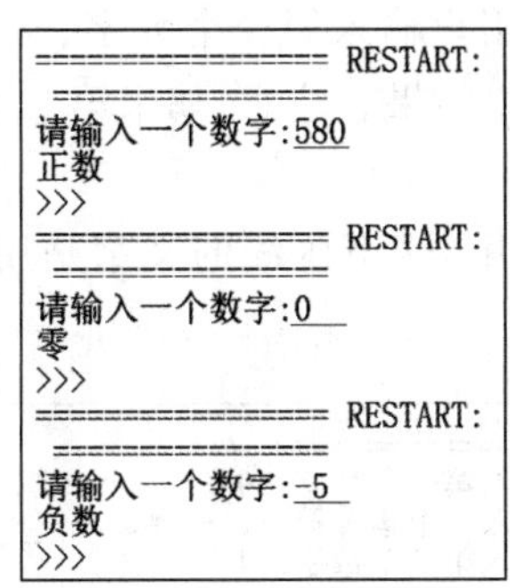

图实 4-3　分别输入正数、零和负数时程序的输出示例

(4) 编写 Python 程序,根据提示输入 5 个人的体重(实数),找出其中最重的体重。

注意:请分别用单分支结果和多分支结构实现。

程序示例如图实 4-4 所示,其中,带下画线的文字是用户输入的信息,其他文字是程序输出内容。

```
================
请输入第一个人的体重: 58.3
请输入第二个人的体重: 79.2
请输入第三个人的体重: 46.5
请输入第四个人的体重: 77
请输入第五个人的体重: 69
最重的体重是:  79.2
>>>
```

图实 4-4　程序输出最重的体重示例

(5) 编写 Python 程序,提示用户输入一个 1～12 的数字,然后显示相应的季节及其对应的诗文。

春季:3 月、4 月、5 月(草长莺飞二月天,拂堤杨柳醉春烟。)

夏季:6 月、7 月、8 月(荷风送香气,竹露滴清响。)

秋季:9 月、10 月、11 月(落霞与孤鹜齐飞,秋水共长天一色。)

冬季:12 月、1 月、2 月(岁暮阴阳催短景,天涯霜雪霁寒宵。)

程序示例如图实 4-5 所示,其中,带下画线的文字是用户输入的信息,其他文字是程序输出内容。

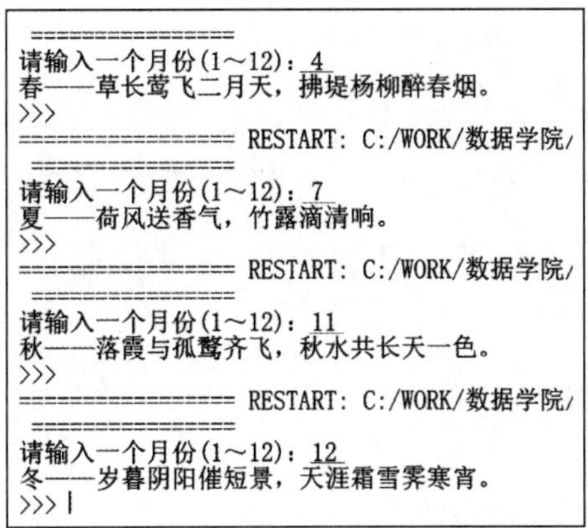

图实 4-5　根据不同月份输出季节的示例

（6）编写 Python 程序，提示用户输入第一个数字、一个数字操作符（+、−、*、/）和第二个数字，进行相应的计算，并输出结果。注意，如果第二个数字为 0，且运算符为/，则提示“除数不能为 0”的信息。

程序示例如图实 4-6 所示，其中，带下画线的文字是用户输入的信息，其他文字是程序输出内容。

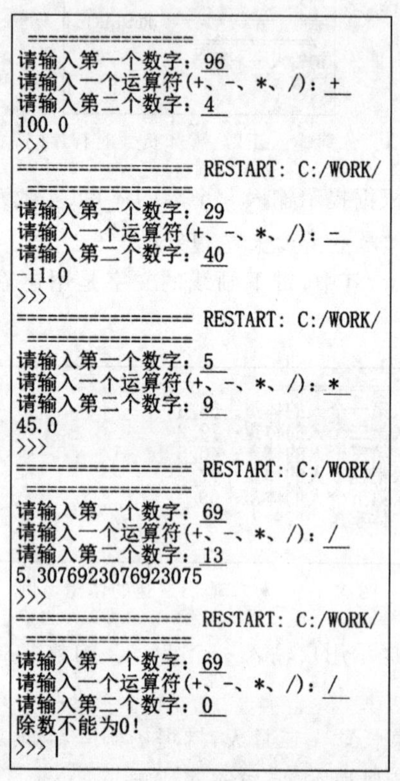

```
================
请输入第一个数字：96
请输入一个运算符(+、-、*、/)：+
请输入第二个数字：4
100.0
>>>
================ RESTART: C:/WORK/
================
请输入第一个数字：29
请输入一个运算符(+、-、*、/)：-
请输入第二个数字：40
-11.0
>>>
================ RESTART: C:/WORK/
================
请输入第一个数字：5
请输入一个运算符(+、-、*、/)：*
请输入第二个数字：9
45.0
>>>
================ RESTART: C:/WORK/
================
请输入第一个数字：69
请输入一个运算符(+、-、*、/)：/
请输入第二个数字：13
5.3076923076923075
>>>
================ RESTART: C:/WORK/
================
请输入第一个数字：69
请输入一个运算符(+、-、*、/)：/
请输入第二个数字：0
除数不能为0!
>>>
```

图实 4-6　输入不同的运算数和操作符时输出的示例

实验5

程序运算控制

实验目的

掌握 Python 程序的选择分支处理，包括单分支、双分支、多分支和嵌套分支处理。

实验内容

（1）编写 Python 程序，提示用户输入 n 个数字。当输入的数字是正数时，显示“正数”；当输入的数字是负数时，显示“负数”；否则显示“零”。n 的值由用户在程序开始时给出。

程序示例如图实 5-1 所示，其中，带下画线的文字是用户输入的信息，其他文字是程序输出内容。可以看到，示例输入的个数是 5，因此在判断完第 5 个数之后，程序结束。

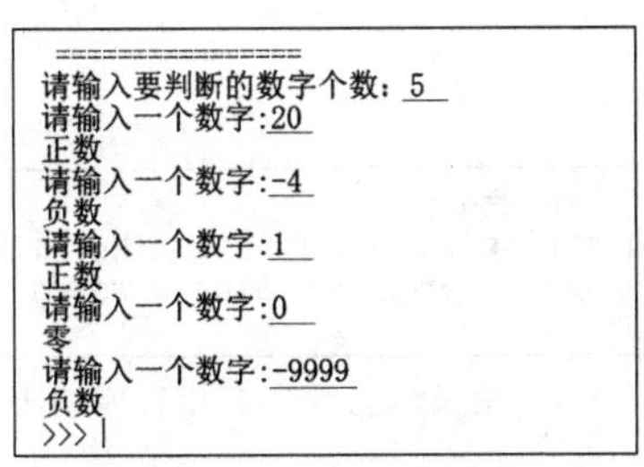

```
================
请输入要判断的数字个数: 5
请输入一个数字:20
正数
请输入一个数字:-4
负数
请输入一个数字:1
正数
请输入一个数字:0
零
请输入一个数字:-9999
负数
>>> |
```

图实 5-1　判断 n 个数字正负属性的输出示例

（2）编写 Python 程序，提示用户反复输入数字，直到输入值为 0 为止。计算并显示用户输入的所有正数的乘积。

程序的两次执行示例如图实 5-2 所示，其中，带下画线的文字是用户输入的信息，其他文字是程序输出内容。第一次执行时，第一个输入的数字即为 0，因此乘积返回初始值 0；第二次执行时，输入的第 7 个值为 0，因此返回前 6 个输入值中正数相乘的成绩。

（3）编写 Python 程序，提示用户输入 n 个数字，然后计算并显示其平均值。n 的值由用户在程序开始时给出。

程序示例如图实 5-3 所示，其中，带下画线的文字是用户输入的信息，其他文字是程序输出内容。第一次执行时，输入的 n 为 0，因此未能计算平均值；第二次执行时，输入 4 个数字，返回其平均值。

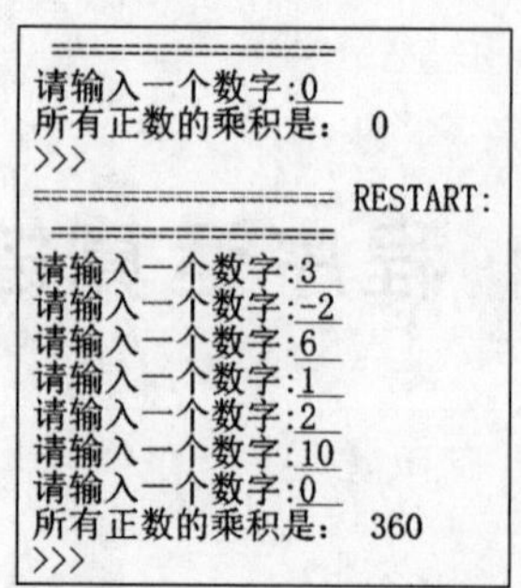

```
================
请输入一个数字:0
所有正数的乘积是:  0
>>>
================= RESTART:
================
请输入一个数字:3
请输入一个数字:-2
请输入一个数字:6
请输入一个数字:1
请输入一个数字:2
请输入一个数字:10
请输入一个数字:0
所有正数的乘积是:  360
>>>
```

图实 5-2　计算多个正数成绩的输出示例

```
================
需要计算几个数字的平均值? 0
未输入任何数字!
>>>
================= RESTART: C:
================
需要计算几个数字的平均值? 4
请输入数字: 93
请输入数字: 20
请输入数字: 105
请输入数字: 499
平均值是:  179.25
>>>
```

图实 5-3　分别输入正数、零和负数时程序的输出示例

(4) 编写 Python 程序,提示用户输入一个英文字符串,然后显示其包含的单词数。

例如,输入字符串是"I like kittens",程序输出" The message entered contains 3 words",假设每个单词通过一个空格字符分隔。

程序示例如图实 5-4 所示,其中,带下画线的文字是用户输入的信息,其他文字是程序输出内容。

```
================
Enter a string in english: I like kittens
The message entered contains 3 words
>>>
```

图实 5-4　根据输入的字符串程序输出单词数的示例

(5) 编写 Python 程序,用嵌套循环输入以下结果。

```
5    5    5    5    5
4    4    4    4
3    3    3
2    2
1
```

程序输出如图实 5-5 所示。

```
================
5         5         5         5         5
4         4         4         4
3         3         3
2         2
1
>>> |
```

图实 5-5　程序输出结果

（6）编写 Python 程序，用嵌套循环结构输出如下的三角形。

```
*
*    *
*    *    *
*    *    *    *
*    *    *    *    *
*    *    *    *
*    *    *
*    *
*
```

程序输出如图实 5-6 所示。

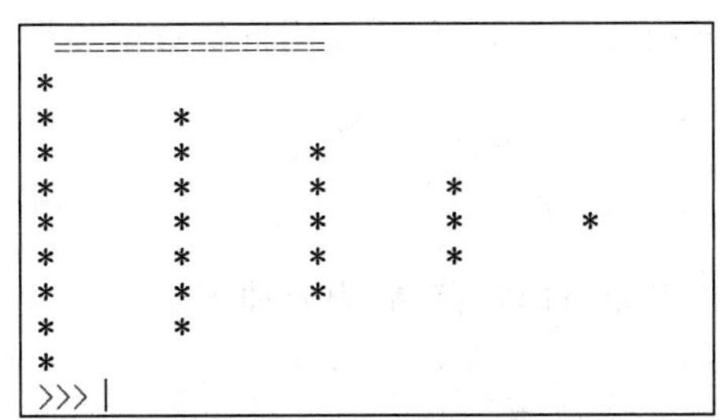

图实 5-6　程序输出结果

实验6 批量数据处理

实验目的

掌握批量数据的处理方法，包括使用批量数据类型和批量数据类型的访问。

实验内容

1. 元组的遍历

班级的课程表以元组形式存储，内容如下。

```
timetable=(
    ('语文','数学','英语','地理','政治','生物'),
    ('数学','语文','英语','体育','信息','音乐'),
    ('数学','体育','语文','音乐','英语','政治'),
    ('语文','体育','美术','数学','地理','英语'),
    ('数学','信息','生物','作文','英语','体育')
    )
```

要求编写程序，对元组进行遍历，打印出如图实6-1所示的课程表。

```
********** 红星中学七年二班课程表 **********
--星期--|--1--|--2--|--3--|--4--|--5--|--6--|
星期 一 |语文 |数学 |英语 |地理 |政治 |生物 |
星期 二 |数学 |语文 |英语 |体育 |信息 |音乐 |
星期 三 |数学 |体育 |语文 |音乐 |英语 |政治 |
星期 四 |语文 |体育 |美术 |数学 |地理 |英语 |
星期 五 |数学 |信息 |生物 |作文 |英语 |体育 |
```

图实6-1 课程表打印

2. 百词斩——遍历词典

编写一个程序，可以帮助快速背记英语单词。运行程序后，当用户输入0，可以显示英文单词要求用户写出汉语；当用户输入1，可以显示汉语，要求用户写出英语单词。运行效果如图实6-2所示。

操作提示：

(1) 使用time模块的sleep(num)函数设置停留时间，系统能够暂停num秒。

(2) 构造词典。

方法一：使用列表构造。

先构造英文词语列表，再构造中文词义列表，最后使用zip()函数，将eng和chn两个列表组合成新的二维列表，如下。

```
百词斩
请选择背单词方式(0-看英文单词写中文，1—看中文写英文单词):0
请设置每个单词的停留时间(1-10)秒：2
canteen___________
metro___________
Price___________
label___________
bank___________
supermarket___________
Laundry___________
```

```
百词斩
请选择背单词方式(0-看英文单词写中文，1—看中文写英文单词):1
请设置每个单词的停留时间(1-10)秒：1
食堂___________
地铁___________
价格___________
标签___________
银行___________
超市___________
洗衣店___________
```

图实 6-2　百词斩

```
eng=['canteen','metro','Price','label','bank','supermarket','Laundry']
chn=['食堂','地铁','价格','标签','银行','超市','洗衣店']
dict=zip(eng,chn)
```

方法二：使用字典构造，如下。

```
BCdict ={'canteen': '食堂', 'metro': '地铁','Price': '价格',
       'label': '标签', 'bank': '银行',
       'supermarket': '超市','Laundry': '洗衣店'}
```

(3) 对字典或列表进行遍历。

下面是方法一的完整程序，请运行程序。

```
#百词斩方法一
import time
eng=['canteen','metro','Price','label','bank','supermarket','Laundry']
chn=['食堂','地铁','价格','标签','银行','超市','洗衣店']
dict=zip(eng,chn)

print('百词斩')
style=input("请选择背单词方式: 0-看英文单词写中文,1-看中文写英文单词")
times=int(input('请设置每个单词的停留时间(1-10)秒: '))
if style=='0':
    for key in range(0,len(eng)):
        print(eng[key]+"________")
        time.sleep(times)
else:
    for value in range(0,len(chn)):
        print(chn[value]+"________")
        time.sleep(times)
```

参考上述程序，将下面程序补充完整，实现方法二中的词典遍历操作。

```
#百词斩方法二
import time
BCdict = {'canteen': '食堂', 'metro': '地铁','Price': '价格',
        'label': '标签', 'bank': '银行',
        'supermarket': '超市','Laundry': '洗衣店'}
print('百词斩')

…
```

实验7

模块化程序设计

实验目的

掌握函数的定义和调用方法，以及函数参数的相关操作。

实验内容

1. 汽车导航提醒

在汽车导航系统中，需要依据当前路况进行信息提示。路况和提示信息的对应关系如表实 7-1 所示。

表实 7-1　路况和提示信息的对应关系

标记	提示信息
0	请停车
1	沿当前道路直行
2	请右转
3	请左转

请设计一个信息提示函数 reportMsg(flag)，其中的参数 flag 是输入的标记，函数功能是根据标记提示对应的提示信息。使用 reportMsg()函数完成汽车导航提醒程序。要求程序运行结果如图实 7-1 所示。

```
请输入标记(0~3)：0
请停车
```

```
请输入标记(0~3)：1
沿当前道路直行
```

```
请输入标记(0~3)：2
请右转
```

```
请输入标记(0~3)：7
输入有误
```

图实 7-1　汽车导航提示信息

2. 星座运势判断——函数参数的传递

两千多年前，希腊天文学家希巴克斯为标识太阳在黄道上运行的位置，将黄道带分成十二个区段，依次为白羊、金牛、双子、巨蟹、狮子、处女、天秤、天蝎、射手、摩羯、水瓶、双鱼等十二个星座。在地球运转到每个星群所占时段出生的婴儿，也就对应了相应星座，按时间对应关系如表实 7-2 所示。

表实 7-2 星座名称、星座日期对应关系

星座	出生日期(公历)
摩羯座	12 月 22 日～1 月 19 日
水瓶座	1 月 20 日～2 月 18 日
双鱼座	2 月 19 日～3 月 20 日
白羊座	3 月 21 日～4 月 19 日
金牛座	4 月 20 日～5 月 20 日
双子座	5 月 21 日～6 月 21 日
巨蟹座	6 月 22 日～7 月 22 日
狮子座	7 月 23 日～8 月 22 日
处女座	8 月 23 日～9 月 22 日
天秤座	9 月 23 日～10 月 23 日
天蝎座	10 月 24 日～11 月 22 日
射手座	11 月 23 日～12 月 21 日

要求完成程序，输入月份和出生日期后，可以显示出星座和运势。运势文字可以从素材 xingzuo.txt 中复制到程序代码中。程序最终运行结果如图实 7-2 所示。

```
请输入出生月份（公历）:3
请输入出生日期（公历）:25
星座：白羊座
运势：有实力也不能骄傲自满，要保持虚心学习的姿态。
```

```
请输入出生月份（公历）:1
请输入出生日期（公历）:15
星座：摩羯座
运势：建议不要急着跑起来，最好还是稳扎稳打，把基础打扎实一点。
```

图实 7-2 星座运势测算

操作提示：

（1）使用 xingzuo.txt 文件中的文本，建立一个星座和运势对应关系字典。例如：

```
luck={'摩羯座':'建议不要急着跑起来,最好还是稳扎稳打,把基础打扎实一点。',
      '水瓶座':'本来忙碌的节奏更加紧张,你会处于一个精神紧绷的状态。', … }
```

（2）定义函数 test(Mborn,Dborn)，其中，参数 Mborn 为用户输入的月份，参数 Dborn 为用户输入的日期。函数的功能是根据参数判断属于哪个星座。

（3）根据得到的星座，显示星座和字典中对应的运势。

（4）完整程序如下，请补充并运行。

```
#文字来源：星座屋 https://www.xzw.com/
def test(Mborn,Dborn):
    if int(Dborn)<sdate[Mborn]:        #如果日期小于星座最大日期,直接输出
…       #请补充完整
```

```
    else:  #否则属于下一个星座
…     #请补充完整
sdate=[19,18,20,19,20,21,22,22,22,23,22,21]
conts=['摩羯座','水瓶座','双鱼座','白羊座','金牛座','双子座','巨蟹座','狮子座',
'处女座','天秤座','天蝎座','射手座']
luck={'摩羯座':'建议不要急着跑起来,最好还是稳扎稳打,把基础打扎实一点。',
      '水瓶座':'本来忙碌的节奏更加紧张,你会处于一个精神紧绷的状态。',
      '双鱼座':'可以结合自己未来的计划进行考虑筛选,值得大展拳脚。',
      '白羊座':'有实力也不能骄傲自满,要保持虚心学习的姿态。',
      '金牛座':'想法比较凌乱,导致会每件事都做一点。',
      '双子座':'建议抓住努力奋斗的好机会,脱颖而出。',
      '巨蟹座':'自己的计划没有动过,后面赶起来会很有压力。',
      '狮子座':'会迎来一些全新的变化,或许是环境的变动。',
      '处女座':'你就像一匹黑马一跃而上,而你也自信地享受着展示自我的舞台。',
      '天秤座':'需要亲自处理的事情比较多,操心的事情很多,比较劳累。',
      '天蝎座':'能保持沉稳的处事方式,遇到问题也能做到具体问题具体分析。',
      '射手座':'容易大意出错,需要收拾烂摊子,不如一开始细心一点。'
     }
cmonth=int(input('请输入出生月份(公历):'))
cdate=int(input('请输入出生日期(公历):'))
test(cmonth-1,cdate-1)#判断星座运势函数
```

实验8

数据采集和预处理

实验目的

掌握数据文件的打开、关闭，以及读取数据文件和写入数据文件的方法。

实验内容

1. 设计程序

读取 xingzuo.txt 中的星座文字信息，根据冒号进行字符串分隔，将分隔后的文字以列表方式打印出来。结果如图实 8-1 所示。

```
['摩羯座', '建议不要急着跑起来，最好还是稳扎稳打，把基础打扎实一点。']
['水瓶座', '本来忙碌的节奏更加紧张，你会处于一个精神紧绷的状态。']
['双鱼座', '可以结合自己未来的计划进行考虑筛选，值得大展拳脚。']
['白羊座', '有实力也不能骄傲自满，要保持虚心学习的姿态。']
['金牛座', '想法比较凌乱，导致会每件事都做一点。']
['双子座', '建议抓住努力奋斗的好机会，脱颖而出。']
['巨蟹座', '自己的计划没有动过，后面赶起来会很有压力。']
['狮子座', '会迎来一些全新的变化，或许是环境的变动。']
['处女座', '你就像一匹黑马一跃而上，而你也自信地享受着展示自我的舞台。']
['天秤座', '需要亲自处理的事情比较多，操心的事情很多，比较劳累。']
['天蝎座', '能保持沉稳的处事方式，遇到问题也能做到具体问题具体分析。']
['射手座', '容易大意出错，需要收拾烂摊子，不如一开始细心一点。']
```

图实 8-1 星座文件读取

2. 星座运势判断——文件读取

在实验 7 中，我们了解到人们按出生月日可以分为十二个星座。星座和出生月日对应关系如表实 8-1 所示。

表实 8-1 星座名称、星座日期对应关系

星座	出生日期(公历)
摩羯座	12 月 22 日～1 月 19 日
水瓶座	1 月 20 日～2 月 18 日
双鱼座	2 月 19 日～3 月 20 日
白羊座	3 月 21 日～4 月 19 日
金牛座	4 月 20 日～5 月 20 日
双子座	5 月 21 日～6 月 21 日
巨蟹座	6 月 22 日～7 月 22 日

续表

星座	出生日期(公历)
狮子座	7 月 23 日～8 月 22 日
处女座	8 月 23 日～9 月 22 日
天秤座	9 月 23 日～10 月 23 日
天蝎座	10 月 24 日～11 月 22 日
射手座	11 月 23 日～12 月 21 日

要求完成程序,输入月份和出生日期后,可以显示出星座和运势。运势文字使用程序从素材 xingzuo.txt 中读取。程序最终运行结果如图实 8-2 所示。

```
请输入出生月份（公历）:3
请输入出生日期（公历）:25
星座: 白羊座
运势: 有实力也不能骄傲自满，要保持虚心学习的姿态。
```

```
请输入出生月份（公历）:1
请输入出生日期（公历）:15
星座: 摩羯座
运势: 建议不要急着跑起来，最好还是稳扎稳打，把基础打扎实一点。
```

图实 8-2　星座运势测算

操作提示:

(1) 读取文件 xingzuo.txt,并根据冒号分隔出星座和运势信息列表,将每行数据依次存入列表 txt 中,使 txt[0]为星座,txt[1]中存储的是运势。

(2) 将星座数据添加到列表类型的 conts 中。

```
conts.append(txt[0])            #星座填加到列表
```

(3) 以星座为键(key),以日期为值(value),将星座、日期对应添加到字典类型的 luck 中。

```
luck[txt[0]]=txt[1]        #星座、运势组成一个键值对,填加到字典
```

(4) 补充完整下面的程序,实现星座的判断。

```
def test(Mborn,Dborn):
    if int(Dborn)<sdate[Mborn]:     #如果日期小于星座最大日期,直接输出
        print('星座:',conts[Mborn])
        print('运势:',luck[conts[Mborn]])
    else:  #否则属于下一个星座
        if Mborn==11:
            print('星座:',conts[0])
            print('运势:',luck[conts[0]])
        else:
            print('星座:',conts[Mborn+1])
            print('运势:',luck[conts[Mborn+1]])
conts=[]
luck={}
sdate=[19,18,20,19,20,21,22,22,22,23,22,21]
…
```

实验9 Python 数据分析

实验目的

掌握常见数据预处理方法，熟练运用数据分析方法，并掌握 Python 中的 NumPy、Pandas 模块提供的数据分析方法。

实验内容

(1) 使用 NumPy、Pandas 模块，完成以下操作。

① 创建一个由 0～50 的整数组成的 10 行 5 列的 DataFrame。如图实 9-1 所示。

	A	B	C	D	E
0	0	1	2	3	4
1	5	6	7	8	9
2	10	11	12	13	14
3	15	16	17	18	19
4	20	21	22	23	24
5	25	26	27	28	29
6	30	31	32	33	34
7	35	36	37	38	39
8	40	41	42	43	44
9	45	46	47	48	49

图实 9-1 创建 DataFrame

② 汇总每一列的最小值，如图实 9-2 所示。

```
A    0
B    1
C    2
D    3
E    4
dtype: int32
```

图实 9-2 汇总每一列的最小值

③ 按行方向汇总每行数据的总和，如图实 9-3 所示。

④ 按列方向汇总每列数据的总和，如图实 9-4 所示。

```
0     10
1     35
2     60
3     85
4    110
5    135
6    160
7    185
8    210
9    235
dtype: int64
```

图实 9-3 按行方向汇总每行数据的总和

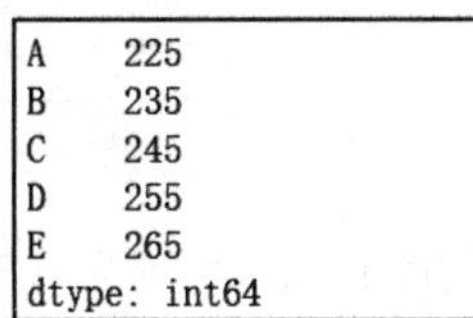

```
A    225
B    235
C    245
D    255
E    265
dtype: int64
```

图实 9-4 按列方向汇总每列数据的总和

(2) 城市夏季气温分析：在 tpData.csv 文件中存储的是韩国某城市夏季的最高、最低气温数据，时间是 2013—2018 年，日期是从每年的 6 月 30 日到 8 月 30 日。其中，Present_Tmax 字段代表下午 2 点测量的最高温度，Present_Tmin 代表凌晨 4 点测量的最低温度。完成以下操作。

① 使用 Pandas 的 read_csv()函数读取 tpData.csv，并显示数据，如图实 9-5 所示。

	Year	Month	Day	Present_Tmax	Present_Tmin
0	2013	6	30	28.7	21.4
1	2013	7	1	28.3	21.2
2	2013	7	2	24.4	20.6
3	2013	7	3	27.9	17.9
4	2013	7	4	24.9	21.5
5	2013	7	5	27.8	19.9
6	2013	7	6	27.6	19.6
7	2013	7	7	25.9	20.1
8	2013	7	8	23.1	20.5
9	2013	7	9	23.2	21.0

图实 9-5 韩国某城市夏季温度数据

② 按年度分组，查看每年各有多少条数据。

操作提示：

使用 groupby()函数，按 Year 字段分组，如图实 9-6 所示。

```
Year
2013    62
2014    62
2015    62
2016    62
2017    62
dtype: int64
```

图实 9-6 按 Year 字段分组

③ 按年份统计每年的最高温度的平均值。

操作提示：

使用 groupby()函数，按 Year 字段分组，统计 Present_Tmax 字段的平均值，如图实 9-7 所示。

```
Year
2013     26.838710
2014     26.362903
2015     26.796774
2016     27.916129
2017     26.879032
Name: Present_Tmax, dtype: float64
```

图实 9-7 统计 Present_Tmax 的平均值

④ 按月份统计 6、7、8 每个月的最高温度的平均值，如图实 9-8 所示。

```
Month
6    26.340000
7    26.602581
8    27.347333
Name: Present_Tmax, dtype: float64
```

图实 9-8 统计最高温度平均值

⑤ 按月份统计 6、7、8 每个月的最低温度的平均值，如图实 9-9 所示。

```
Month
6    19.840000
7    21.029677
8    21.368667
Name: Present_Tmin, dtype: float64
```

图实 9-9 统计最低温度平均值

实验 10

Python 数据可视化 1

实验目的

掌握 Matplotlib 数据可视化的常用方法。

实验内容

1. 绘制鸢尾花数据集的特征分布图

说明：鸢尾花是单子叶百合目花卉，是一种比较常见的花，鸢尾花的品种较多。鸢尾花数据集最初由 Edgar Anderson 测量得到，而后在著名的统计学家和生物学家 R.A Fisher 于 1936 年发表的文章中被使用。它是一个很小的数据集，仅有 150 行，5 列。该数据集的四个特征属性的取值都是数值型的，它们具有相同的量纲，不需要做任何标准化的处理，第五列为通过前面四列所确定的鸢尾花所属的类别名称。

鸢尾花数据集有 4 个属性列和 1 个品种类别列：sepal length（萼片长度）、sepal width（萼片宽度）、petal length（花瓣长度）、petal width（花瓣宽度），单位都是 cm。3 个品种类别是 Setosa、Versicolour、Virginica，样本数量 150 个，每类 50 个。

使用 pandas.read_csv()函数读取 iris.csv，如图实 10-1 所示。

	sepalLength	sepalWidth	petalLength	petalWidth	kind
0	5.1	3.5	1.4	0.2	setosa
1	4.9	3.0	1.4	0.2	setosa
2	4.7	3.2	1.3	0.2	setosa
3	4.6	3.1	1.5	0.2	setosa
4	5.0	3.6	1.4	0.2	setosa
5	5.4	3.9	1.7	0.4	setosa
6	4.6	3.4	1.4	0.3	setosa

图实 10-1　鸢尾花数据集

操作提示：

数据没有标题，设置参数 header = None。同时手动设置标题，例如：df.columns = ['sepalLength','sepalWidth','petalLength','petalWidth','kind']。

2. 绘制包含两个子图的图表

（1）绘制第一幅子图，显示花瓣宽度和花萼宽度的对比散点图。

（2）绘制第二幅子图，显示花瓣宽度的条形图。完成效果如图实 10-2 所示。

操作提示：

条形图的 X 轴上的数值数量与鸢尾花数据集的样本数量保存一致。

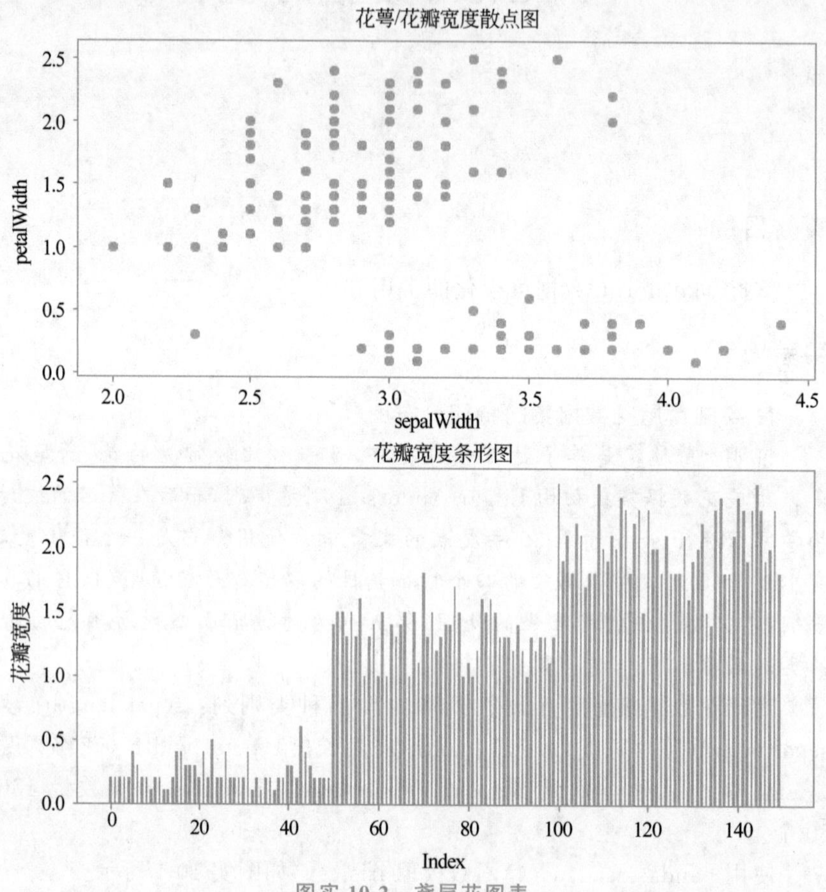

图实 10-2 鸢尾花图表

实验11 Python数据可视化2

实验目的

熟悉Seaborn模块高级数据可视化的常用方法。

实验内容

读取鸢尾花数据集，使用Seaborn模块对数据进行可视化，如图实11-1所示。

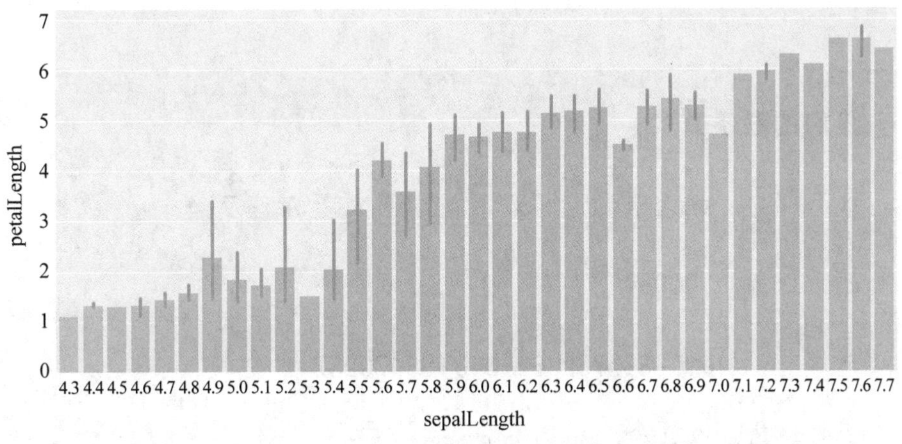

图实11-1　鸢尾花数据集

(1) 使用Matplotlib模块设置图表大小，设置figsize=(14, 6)。

(2) 使用Pandas模块的read_csv()函数，读取iris.csv数据文件。

(3) 设置列名，例如：

```
df.columns = ['sepalLength','sepalWidth','petalLength','petalWidth',
'kind']
```

(4) 使用Seaborn模块的set_style()函数，设置风格为“darkgrid”。

(5) 使用Seaborn模块的barplot ()函数，显示sepalLength、petalLength两个列的条形图。

图书资源支持

感谢您一直以来对清华版图书的支持和爱护。为了配合本书的使用，本书提供配套的资源，有需求的读者请扫描下方的“书圈”微信公众号二维码，在图书专区下载，也可以拨打电话或发送电子邮件咨询。

如果您在使用本书的过程中遇到了什么问题，或者有相关图书出版计划，也请您发邮件告诉我们，以便我们更好地为您服务。

我们的联系方式：

地　　址：北京市海淀区双清路学研大厦 A 座 714

邮　　编：100084

电　　话：010-83470236　010-83470237

客服邮箱：2301891038@qq.com

QQ：2301891038（请写明您的单位和姓名）

资源下载：关注公众号“书圈”下载配套资源。

资源下载、样书申请

书圈

图书案例

清华计算机学堂

观看课程直播